CHANYE ZHUANLI
FENXI BAOGAO

产业专利分析报告

（第84册）——高端光刻机

国家知识产权局学术委员会◎组织编写

知识产权出版社
全国百佳图书出版单位
—北京—

图书在版编目（CIP）数据

产业专利分析报告．第84册，高端光刻机/国家知识产权局学术委员会组织编写．—北京：知识产权出版社，2022.7

ISBN 978－7－5130－8195－5

Ⅰ.①产…　Ⅱ.①国…　Ⅲ.①专利—研究报告—世界②光刻设备—专利—研究报告—世界　Ⅳ.①G306.71②TN305.7

中国版本图书馆CIP数据核字（2022）第095007号

内容提要

本书是高端光刻机领域的专利分析报告，从该领域的发展概况、专利壁垒指数模型研究、竞争情报、主要技术分支专利等方面入手，充分结合相关数据展开分析，得出扎实的研究结论和相关建议。本书是企业了解高端光刻机领域技术发展现状并预测未来走向，以及做好专利预警所需的必备工具书。

责任编辑：卢海鹰　王瑞璞　　**责任校对**：王　岩
封面设计：杨杨工作室·张　冀　　**责任印制**：刘译文

产业专利分析报告（第84册）
——高端光刻机
国家知识产权局学术委员会　组织编写

出版发行：知识产权出版社有限责任公司　　**网　　址**：http://www.ipph.cn
社　　址：北京市海淀区气象路50号院　　**邮　　编**：100081
责编电话：010－82000860转8116　　**责编邮箱**：wangruipu@cnipr.com
发行电话：010－82000860转8101/8102　　**发行传真**：010－82000893/82005070/82000270
印　　刷：天津嘉恒印务有限公司　　**经　　销**：新华书店、各大网上书店及相关专业书店
开　　本：787mm×1092mm　1/16　　**印　　张**：10.75
版　　次：2022年7月第1版　　**印　　次**：2022年7月第1次印刷
字　　数：242千字　　**定　　价**：70.00元

ISBN 978－7－5130－8195－5

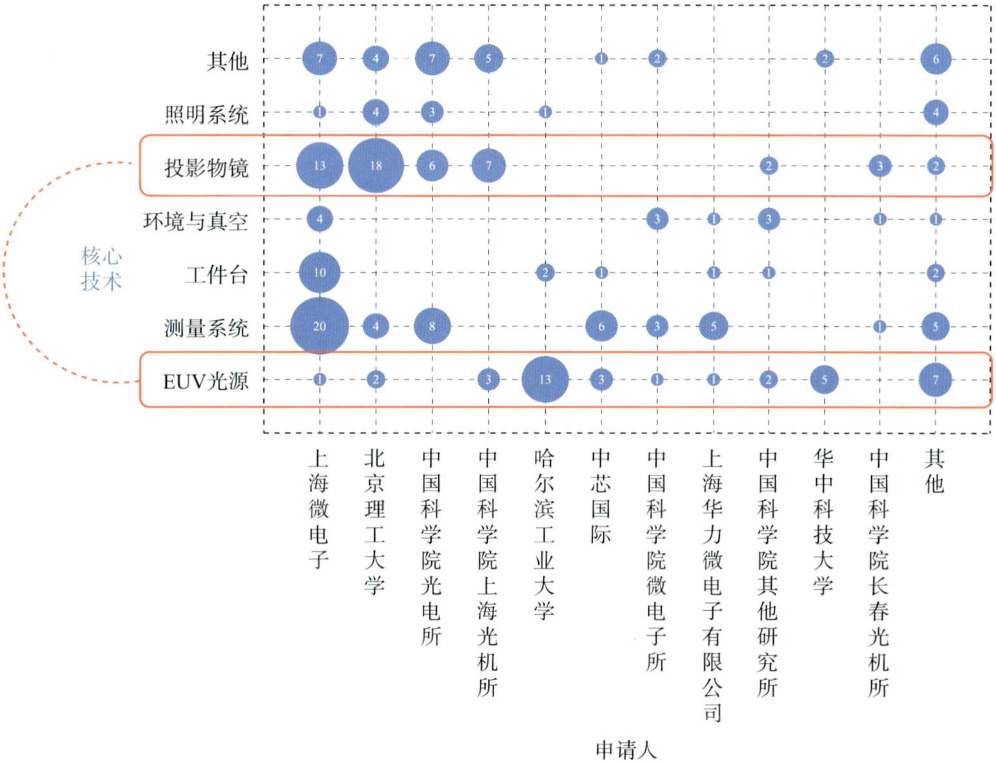

图3-5-3　中国申请人在高端光刻机领域各分支上的申请量分布

注：图中数字表示申请量，单位为项。

（正文说明见第43页）

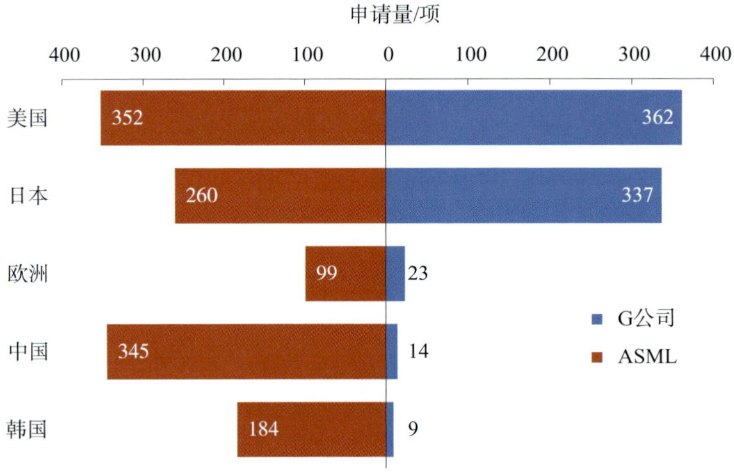

图 4-2-21　G 公司与 ASML 的 EUV 光源技术分支领域专利主要布局国家/地区比较

（正文说明见第 62~63 页）

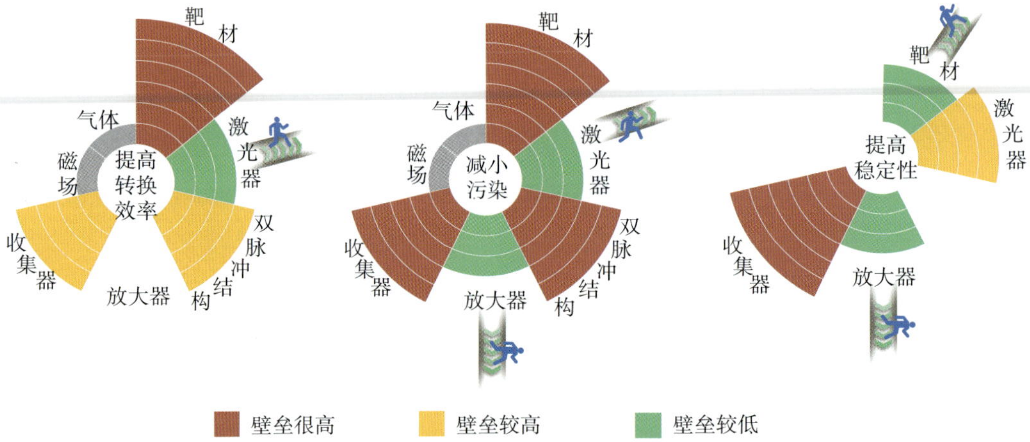

图 4-7-1　EUV 光源各技术分支领域技术壁垒全局图

（正文说明见第 90 页）

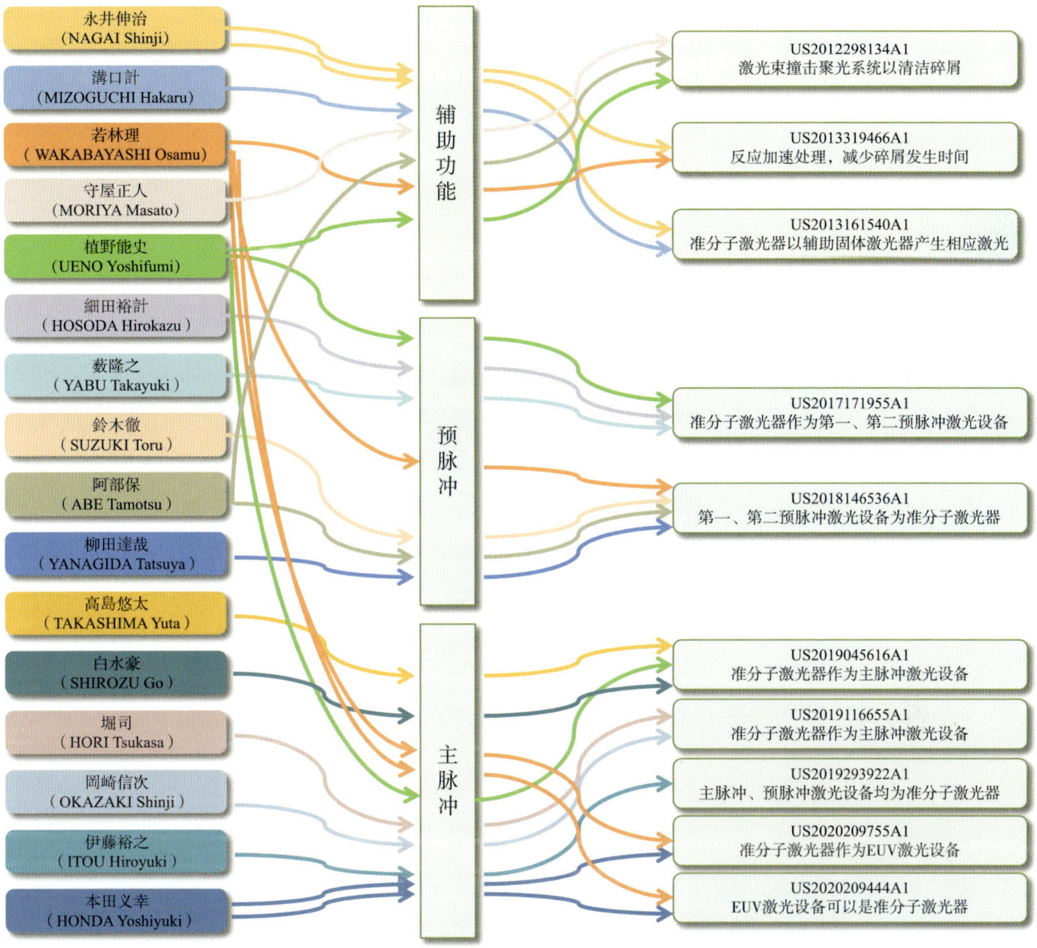

图 4-8-2　G 公司准分子激光器 EUV 光源技术分支领域人才资源

（正文说明见第 93 ~ 94 页）

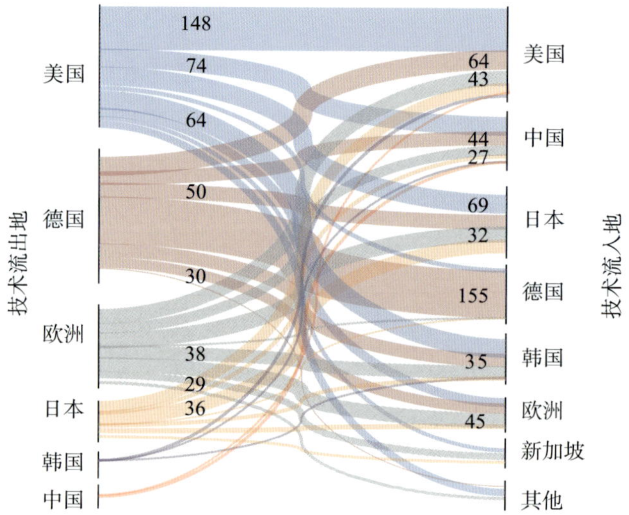

图 5－2－10　膜层设计全球专利申请流向

注：图中数字表示申请量，单位为件。

（正文说明见第 101 ~ 102 页）

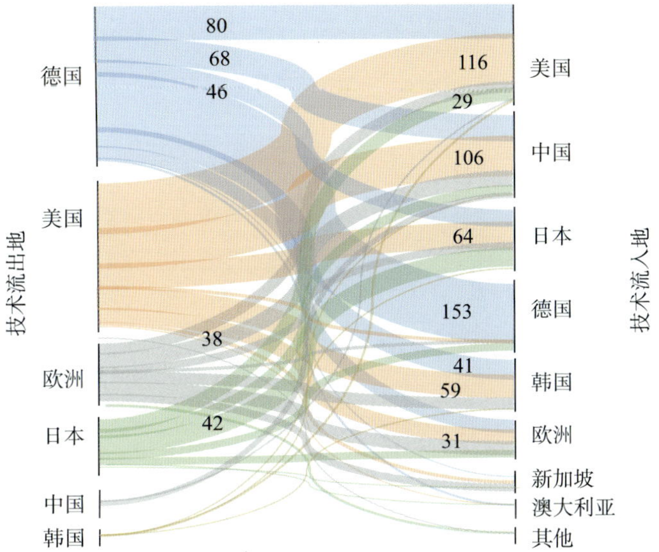

图5-2-11　多镜系统整体设计全球专利申请流向

注：图中数字表示申请量，单位为件。

（正文说明见第101~102页）

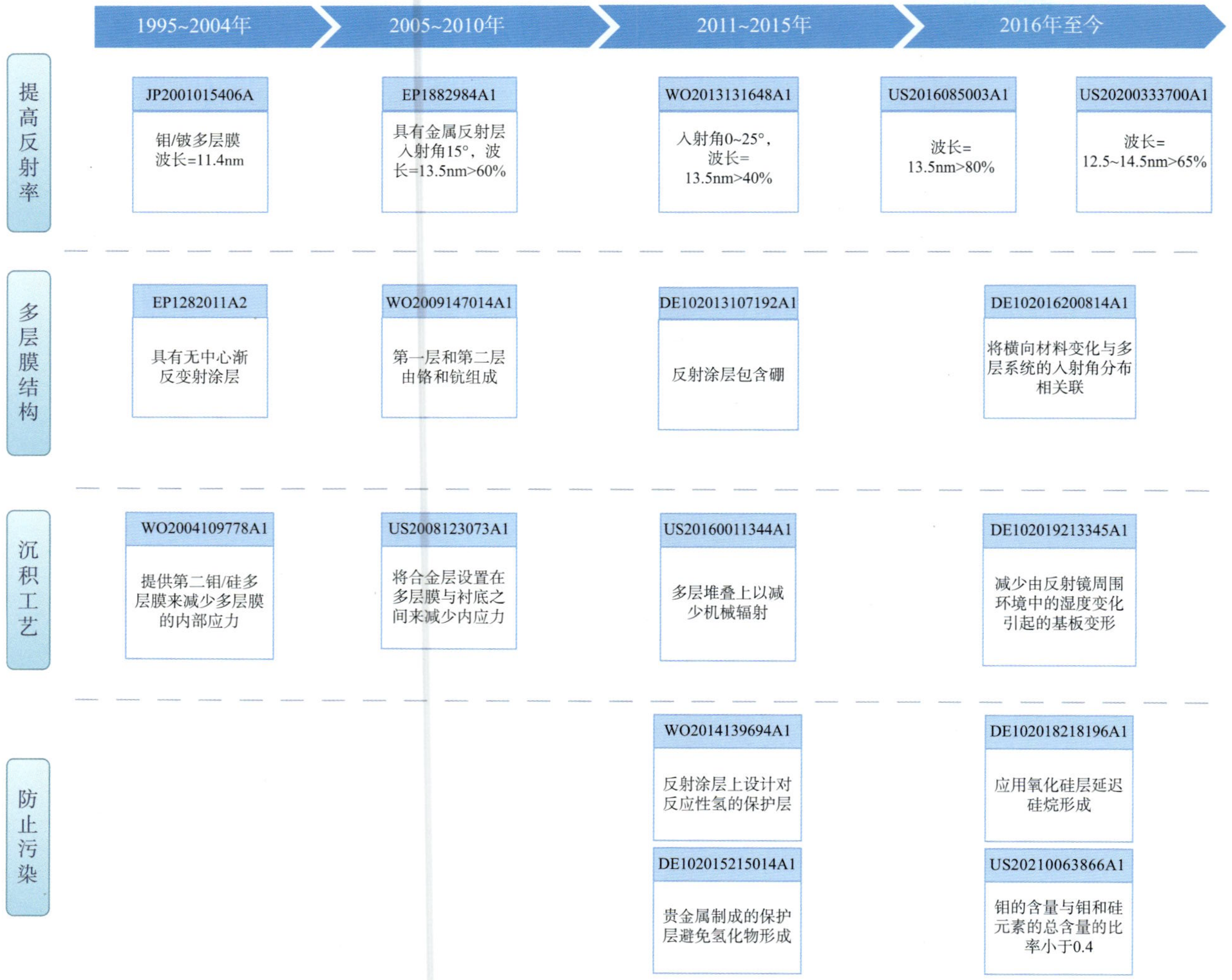

图5-3-1 投影物镜膜层设计技术路线图

（正文说明见第104~112页）

编 委 会

前　言

2021年是党和国家历史上具有里程碑意义的一年，对知识产权领域来说同样有着特殊的意义。中共中央、国务院相继印发实施《知识产权强国建设纲要（2021—2035年）》和《“十四五”国家知识产权保护和运用规划》，对知识产权事业未来发展作出重大顶层设计。国家“十四五”规划纲要将每万人口高价值发明专利拥有量写入主要预期性指标，将知识产权工作摆在了更加突出的位置。立足新发展阶段，国家知识产权局学术委员会坚持国家需求导向，紧紧围绕重点产业发展和关键技术突破面临的形势要求，每年组织开展一批专利分析课题研究，出版一批优秀课题成果，不断强化专利分析的研究深度和成果运用的实际效益，以期为提高我国关键核心领域自主知识产权的创造和储备，以及新领域新业态的创新发展提供支撑和指引。

这一年，重点围绕新一代信息技术、新型基础设施建设、新材料、生物医药及医疗器械、高端装备等5个产业领域选取了12个关键技术，组织了25家企事业单位近200名研究人员开展专利分析研究，圆满完成了各项课题研究任务，形成了一批有广度、有深度、有创新、有特色的研究成果。基于成果的推广价值和示范效应，最终选取其中5项成果集结成册，继续以《产业专利分析报告》（第84~88册）系列丛书的形式出版，所涉及的技术领域包括高端光刻机、动力电池检测技术、热交换介质、商业航天装备制造和电动汽车续航技术等。

《产业专利分析报告》（第84~88册）的顺利出版凝聚了各方的智慧和力量，各部门对重点研究方向的确定给予了鼎力支持，各省级、市级知识产权局、行业协会、科研院所等为课题顺利开展给予了必要帮助，近百名行业和技术专家参与其中指导研究。希望读者能充分吸收报告精华，在专利分析方法运用、专利创造和布局策略、技术发展趋势研判、关键技术突破等方面有所启发和借鉴。由于报告中专利文献的数据采集范围和专利分析工具的限制，加之研究人员水平有限，报告的数据、结论和建议仅供社会各界参考。

《产业专利分析报告》丛书编委会

2022 年 6 月

高端光刻机产业专利分析课题研究团队

一、项目管理

国家知识产权局专利局：张小凤　孙　琨

二、课题组

承 担 单 位：国家知识产权局专利局专利审查协作北京中心

课题负责人：闫　娜

课题组组长：刘以成

统　稿　人：丁长林　高　虹

主要执笔人：范　伟　崔朝利　张小丽　王　玥　王咪娜　苗君叶

课题组成员：闫　娜　刘以成　丁长林　高　虹　王咪娜　范　伟　崔朝利　张小丽　王　玥　苗君叶　张　培　崔英颖　刘京徽

三、研究分工

数据检索：王　玥　苗君叶　张　培　崔英颖　刘京徽

数据清理：范　伟　崔朝利　张小丽　王　玥　王咪娜　苗君叶　刘京徽

数据标引：崔英颖　刘京徽　崔朝利　苗君叶　张小丽　王　玥　张　培　范　伟

图表制作：张　培　张小丽　范　伟　崔朝利　王　玥　苗君叶　崔英颖　刘京徽

报告执笔：高　虹　丁长林　王咪娜　范　伟　崔朝利　张小丽　王　玥　苗君叶　张　培　崔英颖　刘京徽

报告统稿：刘以成　丁长林　高　虹

报告编辑：丁长林　高　虹　王咪娜　范　伟　崔朝利　张小丽　王　玥　苗君叶　张　培　崔英颖　刘京徽

报告审校： 刘以成　丁长林　高　虹　王咪娜

四、报告撰稿

丁长林： 主要执笔第1章第1.1节、第3章第3.4.1节

高　虹： 主要执笔第6章

王咪娜： 主要执笔第1章第1.2节、第3章第3.6节

范　伟： 主要执笔第2章第2.4节，第4章第4.5.4、4.6节，第5章第5.6、5.8、5.9节

崔朝利： 主要执笔第2章第2.1~2.3节、第4章第4.7节、第5章第5.7节，参与第5章第5.3.1节

张小丽： 主要执笔第3章第3.3.1节，第4章第4.5.1、4.5.3节

王　玥： 主要执笔第3章第3.2、3.3.3、3.4.3节，第4章第4.5.2节，第5章第5.5节

苗君叶： 主要执笔第4章第4.2.1、4.8、4.9节，参与第4章第4.2.2、4.2.3节，第5章第5.9节

张　培： 主要执笔第3章第3.3.2、3.4.2、3.5节，参与第4章第4.2.2节

崔英颖： 主要执笔第4章第4.1、4.3、4.4节，参与第4章第4.2.3节

刘京徽： 主要执笔第3章第3.1节，第5章第5.1、5.2、5.3.2、5.4节；参与第5章第5.3.1节

五、指导专家

行业专家

杨开明　清华大学

技术专家

李　璟　中国科学院微电子研究所

目　录

第 1 章　概　况 / 1
1.1　研究背景 / 1
1.1.1　技术发展概况 / 1
1.1.2　产业现状 / 3
1.1.3　产业发展趋势 / 6
1.2　研究对象和方法 / 7
1.2.1　研究对象 / 8
1.2.2　研究方法 / 9
1.2.3　相关事项和约定 / 11
第 2 章　专利壁垒指数模型研究 / 13
2.1　研究意义 / 13
2.2　研究对象 / 13
2.3　研究优势 / 13
2.4　专利壁垒指数模型 / 14
2.4.1　建立流程 / 14
2.4.2　相关因素 / 15
第 3 章　高端光刻机全球竞争情报分析 / 16
3.1　高端光刻机专利总体竞争态势 / 16
3.1.1　总体申请趋势 / 16
3.1.2　原创/目标国家/地区专利申请分布 / 17
3.1.3　重要申请人分析 / 17
3.2　全球科技文献技术情报分析 / 19
3.3　各领域申请趋势及布局趋势分析 / 24
3.3.1　曝光系统 / 24
3.3.2　工件台及测量系统 / 26
3.3.3　环境与真空 / 31
3.4　ASML 专利分析 / 34
3.4.1　ASML 成长经历 / 34

3.4.2 ASML专利申请与布局 / 36
3.4.3 ASML科技文献信息分析 / 39
3.5 中国申请人专利分析 / 41
3.5.1 专利申请趋势分析 / 41
3.5.2 申请人构成分析 / 42
3.5.3 申请人的各技术分支申请分布 / 43
3.5.4 重要申请人分析 / 43
3.6 本章小结 / 45
第4章 EUV光源专利分析 / 47
4.1 EUV光源技术介绍 / 48
4.2 专利竞争态势分析 / 51
4.2.1 申请态势 / 51
4.2.2 专利区域分布 / 52
4.2.3 重要申请人分析 / 59
4.3 技术路线分析 / 66
4.3.1 提高转换效率 / 66
4.3.2 减少污染 / 71
4.3.3 提高稳定性 / 76
4.4 重要专利技术介绍 / 80
4.5 全球科技文献情报分析 / 80
4.5.1 EUV光源提高转换效率 / 80
4.5.2 防止EUV光源污染 / 82
4.5.3 提高稳定性 / 85
4.5.4 全球科技文献情报分析小结 / 86
4.6 技术发展趋势预测 / 87
4.7 专利壁垒研究 / 89
4.8 技术未来发展预测与中国技术发展路线 / 90
4.8.1 借鉴G公司准分子激光器技术可行性分析 / 90
4.8.2 人才战略资源导航 / 93
4.8.3 专利可利用性浅析 / 94
4.9 本章小结 / 94
第5章 投影物镜专利分析 / 96
5.1 投影物镜技术介绍 / 96
5.2 专利竞争态势分析 / 97
5.2.1 申请态势 / 97
5.2.2 专利区域分布 / 100

5.2.3 主要申请人分析 / 102
5.3 技术路线分析 / 103
5.3.1 膜层设计 / 104
5.3.2 多镜投影物镜系统整体设计 / 112
5.4 重要专利技术介绍 / 116
5.5 全球科技文献情报分析 / 116
5.6 技术发展趋势预测 / 120
5.7 投影物镜专利壁垒研究 / 121
5.8 反射镜镀膜专利技术的充分利用 / 123
5.9 本章小结 / 124
第6章 主要结论和建议 / 126
6.1 主要结论 / 126
6.2 主要建议 / 127
附 录 / 129
附录1 申请人名称约定表 / 129
附录2 EUV 光刻机重要专利列表 / 133
附录3 可被借鉴的部分专利列表 / 141
图索引 / 146
表索引 / 149

第1章 概 况

1.1 研究背景

2020年12月16～18日在北京召开的中央经济工作会议明确提出，2021年重点任务之一，就是要统筹推进补齐短板和锻造长板，针对产业薄弱环节，实施好关键核心技术攻关工程，尽快解决一批“卡脖子”问题。目前美国对华科技领域“卡脖子”的焦点主要集中在高端芯片产业链上。高端芯片制造的核心环节之一就是光刻工艺。

光刻技术作为微细加工的关键技术，广泛应用于集成电路制造、液晶显示（liquid crystal display，LCD）、微机电系统（micro electromechanical system，MEMS）、微光学器件以及生物芯片等微细加工领域。其中以集成电路制造为核心的光刻技术是目前微细加工领域精度最高、难度最大、技术最为密集、发展最快的一种系统性的工程技术。

我国现代高新技术产业快速发展，所用的芯片尺寸不断缩小，芯片需求量与日俱增，但我国芯片生产却极度依赖国外技术。在代表着光刻核心技术的光刻机方面，欧美国家基于极紫外（extreme ultra - violet，EUV）光刻机，已经可以实现3～7nm工艺节点的芯片制造。我国现有的光刻机技术与国际先进技术水平相比仍有较大差距，特别是在制造工艺、光源、对准系统等核心技术方面，与国外高端光刻机差距明显，且生产出的芯片的良品率也难以保证。荷兰ASML在高端EUV光刻机领域形成了技术垄断，并针对核心技术进行了较为完善的专利布局。而其光刻机采用的零部件来自德国、美国、日本等多个国家的公司，这些公司在各个细分领域掌握着核心技术，也形成了坚实的专利壁垒。因此，本课题通过对相关专利的宏观统计和技术解析来把握目前行业研究的热点，以期为我国集成电路光刻工艺的发展提供高质量的技术信息和有益的发展建议。

1.1.1 技术发展概况

光刻机是光刻工艺的核心设备，也是所有半导体制造设备中技术含量最高的设备，集合了数学、光学、流体力学、高分子物理与化学、表面物理与化学、精密仪器、机械、自动化、软件、图像识别等领域的多项顶尖技术。光刻工艺决定了半导体器件的尺寸，是芯片生产流程中最复杂、最关键的步骤。光刻工艺水平直接决定芯片的制程和性能水平。随着科技的进步和人类对更高更精细工艺的追求，光刻机经历了从接触式光刻机、接近式光刻机、扫描投影式光刻机、步进扫描投影光刻机到EUV光刻机的发展历程。

如图1－1－1所示，光刻机所采用光源的发展轨迹为从436nm g-line到365nm i-line，之后到248nm KrF准分子激光器，再到193nm ArF准分子激光器，到现在使用的13.5nmEUV光源。目前，在芯片产业中使用的中、高端光刻机采用的是193nm ArF

光源和13.5nm EUV光源。使用193nm ArF光源的干法光刻机，其光刻工艺节点可达45nm，采用浸液式光刻、光学临近效应矫正等技术后，其极限光刻工艺节点可达28nm，而当工艺节点缩小到22nm时，则必须采用辅助的两次图形曝光技术（double patterning）。然而使用两次图形曝光，会带来两大问题：一是光刻加工掩膜的成本迅速上升，二是工艺的循环周期延长。因此，在22nm的工艺节点，光刻机处于EUV与ArF两种光源共存的状态。使用浸液式光刻+两次图形曝光的ArF光刻机，可以将光刻工艺节点延伸到10nm，但之后将很难持续。EUV光刻机，作为最新一代光刻技术的代表，有可能使工艺制程延伸到5nm工艺节点。

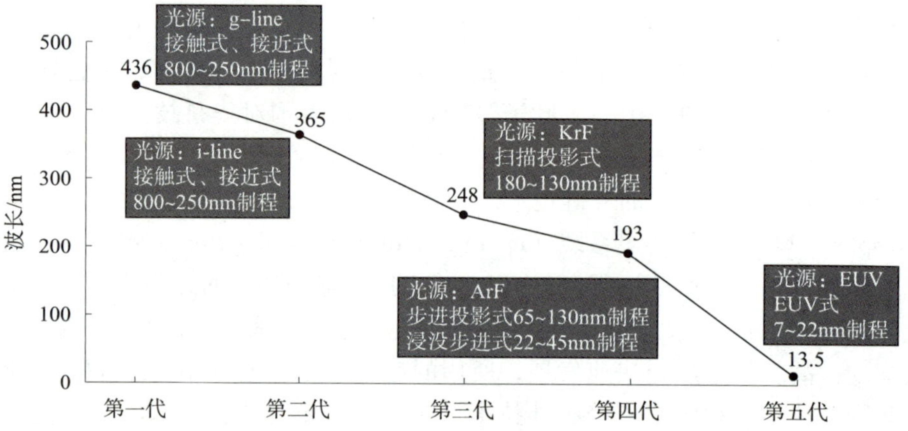

图1-1-1　光刻工艺发展轨迹

来源：ASML官网、方正证券研究所。

如图1-1-2所示，EUV光刻机采用波长为10~14nm的EUV光作为光源，可使曝光波长大幅度降至13.5nm。获取波长为13.5nm的光是实现EUV光刻机的一个重要步骤，激光等离子体极紫外（laser-produced plasma extreme ultra-violet，LPP-EUV）光源由于功率可拓展的特性，其成了EUV光刻机使用最广泛的高功率光源解决方案。EUV光的波长为13.5nm，这种光容易被包括镜头玻璃在内的材料吸收，所以需要使用反射镜来代替透镜。

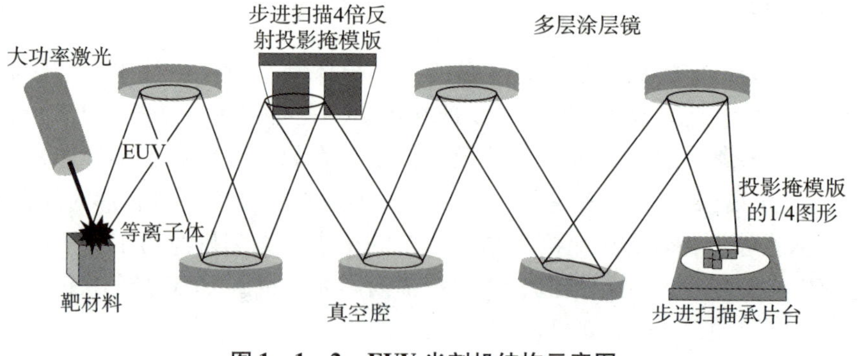

图1-1-2　EUV光刻机结构示意图

来源：International SEMATECH、方正证券研究所。

1.1.2 产业现状

光刻机组件及配套设施复杂，形成了自身的产业链。光刻机的制造研发并不是某一个企业能够单独完成的。光刻工艺作为晶圆制造过程中最复杂、最重要的步骤，主要体现在光刻产业链高端且复杂，需要很多顶尖的企业相互配合才可以完成。光刻产业链的复杂主要体现在两点上，一是作为光刻工艺核心设备的光刻机组件复杂，包括光源、镜头、激光器、工作台等关键组件技术只被全球少数几家公司掌握，二是与光刻机配套的光刻胶、光刻气体、光罩（光掩膜版）等半导体材料和涂胶显影设备等同样拥有较高的科技含量。

目前光刻机行业已经成为一个高度垄断的行业，全球前道制造光刻机市场基本被ASML、Nikon和Canon垄断。从图1-1-3可以看出，ASML、Nikon、Canon三家公司几乎占据了99%的市场份额，其中ASML光刻机市场份额常年在60%以上，市场地位极其稳固。

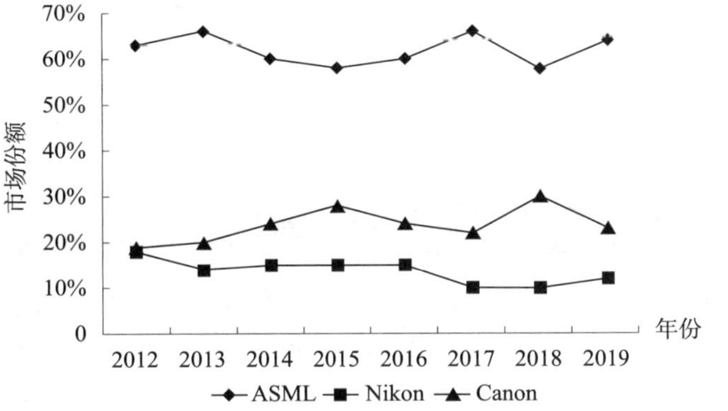

图1-1-3 2012~2019年光刻机市场份额变化

来源：ASML、Nikon、Canon官网和方正证券研究所。

从图1-1-4可以看出，在光刻机市场ASML一家独大。EUV、ArFi、ArF、KrF类型光刻机占据市场出货量的大部分。

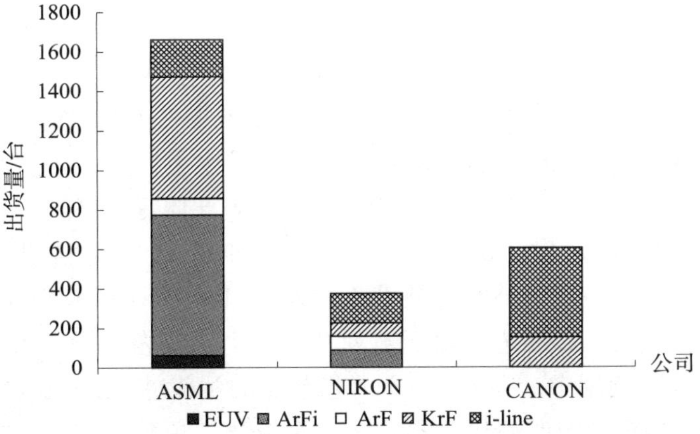

图1-1-4 2011~2019年光刻机三大公司各品类累计出货量

来源：ASML、Nikon、Canon官网和方正证券研究所。

从图1－1－5可以看出，高端的EUV光刻机市场中，ASML独占鳌头，市占率100%，是目前全球唯一的一线供应商。

随着制程精度提升，光刻机复杂程度提高，贯通光刻产业链成为ASML垄断光刻市场的关键。摩尔定律（Moore's Law）的进步伴随着工艺与设备的双重突破。光刻设备作为推动摩尔定律的核心设备，截至目前已经历经五代发展，随着制程精度提升，其自身复杂程度也在不断提高。以ASML的EUV光刻机为例，7nm工艺节点的EUV光刻机内部共有10万个零部件，重达180吨，包含硅片输运分系统、硅片平台分系统、掩膜版输运分系统、测量与校正分系统、成像分系统、光源分系统等13个分系统，90%的关键设备来自外国而非荷兰本国，ASML作为整机公司，实质上只负责光刻机设计与各模块集成，需要全而精的上游产业链作坚实支撑。纵观ASML的5000多个供应商，其中与产品相关的供应商提供直接用于生产光刻系统的材料、设备、零部件和工具，这个类别包括790家供应商，占ASML总开支的66%。

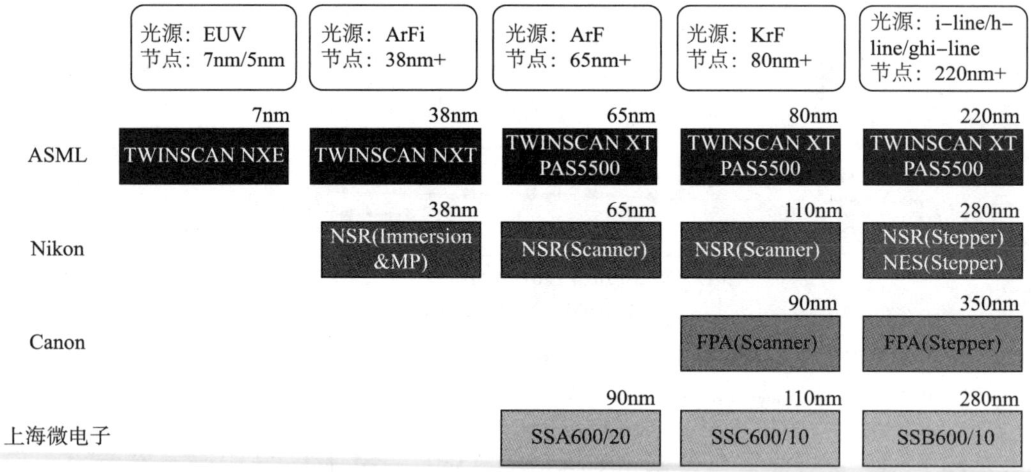

图1－1－5　光刻机市场主要厂商产品对比

来源：芯思想研究院、方正证券研究所。

我国的光刻机起源于20世纪70年代，伴随着半导体行业研究的兴起，中国于1977年成功研发出第一台接触式光刻机，1978～1985年先后成功研制出三台光刻机，当时中国的半导体产业虽然没有达到同期的世界先进水平，但是差距并不大。20世纪80年代末期，由于“造不如买”的发展理念，中国半导体行业停滞不前，直到2002年才开始重视光刻机的研发。2005年，随着《国家中长期科技发展规划纲要（2006—2020）》发布，集成电路制造技术正式列入国家16个科技重大专项，“极大规模集成电路制造技术及成套工艺”由于被列在第二个，业内称为“02专项”。在“02专项”的“十三五”规划中，突破28nm工艺节点的浸没式光刻机及核心组件被列入战略目标。实现光刻机的国产替代并不是某一企业能够单独完成的，需要光刻产业链的顶尖企业相互配合。如表1－1－1，上海微电子将交付的28nm工艺节点的浸没式光刻机源于以下核心企业在各自细分领域上的技术突破：上海微电子负责光刻机设计和总体集成，华卓精科提供双工件台，科益虹源提供光源系统，国望光学提供曝光系统，启尔机电提供浸液系统。此外，2017 年 6 月，由中国科学院长春光学精密机械与物理研究所（以下简称“长春光机所”）牵头承担的“极紫外光刻关键技术研究”项目顺利通过了“02 专项”验收，实现了 EUV 光学成像技术的跨越。

表 1－1－1 “02 专项”光刻机子系统对应企业

部件	企业名称	主营产品	团队
光源系统	北京科益虹源	248nm 准分子激光器 干式 193nm 准分子激光器 浸没式 193nm 准分子激光器	2016 年 7 月，由中国科学院光电院、中国科学院微电子研究所、北京亦庄国际投资有限公司、中国科学院国有资产经营有限公司共同投资创立
物镜系统	北京国望光学	110nm 节点 KrF 光刻机投影物镜系统 我国首套 90nm 节点 ArF 投影光刻机投影物镜系统	2018 年 6 月成立；2019 年 7 月，长春光机所、中国科学院上海光学精密机械研究所（以下简称“上海光机所”）同步完成对北京国望光学的无形资产增资。核心团队成员全部来自于我国唯一一家超精密光学系统产业化技术研发单位长春国科精密光学技术有限公司（以下简称“国科精密”）
工件台系统	北京华卓精科	65nm 及以下节点的 ArF 干式、浸没式步进扫描光刻机的双工作台系统	2012 年，清华大学与清华大学机械工程系集成电路（IC）制造装备研究室核心团队人员朱煜等 8 人共同出资设立
整机集成	上海微电子	自主研发 600 系列光刻机，实现 90nm 节点光刻机的量产	2002 年 3 月，由上海电气（集团）总公司牵头成立，开启国产光刻机研发之路

表 1－1－2 示出了国产光刻机产业链情况。国科精密承担光刻机心脏建设，其浸没式曝光系统已通过“02 专项”验收。科益虹源协助整机单位完成 28nm 浸没式光刻机的集成。启尔机电为全球第三家拥有光刻机浸没式系统研发能力的公司。华卓精科的双工作台技术有望打破 ASML 垄断。福晶科技，全球非线性光学晶体龙头，已具备向 ASML 供货的能力。南大光电在光刻胶方面领衔国内公司加速国产替代。晶瑞股份覆盖四大泛半导体领域，其 KrF 光刻胶完成中期试验。

表1-1-2　国产光刻机产业链

类目		企业
光刻机核心组件	光源系统	科益虹源、福晶科技
	物镜系统	国望光学、奥普光电
	工件台系统	华卓精科
	测量系统	上海光机所
	整机集成	上海微电子
光刻机配套设施	光刻胶	南大光电、容大感光
	光刻气体	华特气体、雅克科技
	光掩模板	华润微、菲利华
	缺陷检测	精测电子、东方晶源
	涂胶显影	芯源微

如图1-1-6所示，到目前为止，中国在逐步缩小和国际光刻机巨头的差距，上海微电子等光刻机企业正在崛起。但也应看到，目前在第五代光刻机，即EUV光源的光刻机方面，中国目前还没有成功研制样机，在其涉及的核心技术上还有着不少的差距。

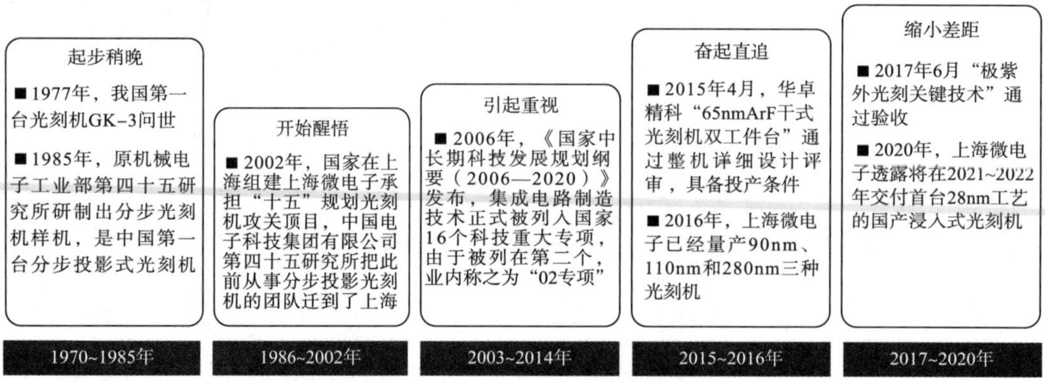

图1-1-6　我国光刻机发展情况

上海微电子所生产的光刻机广泛应用于集成电路前道、先进封装、平板显示器（Flat Panel Display，FPD）、MEMS、LED、功率器件等制造领域，2020年出货60台以上，较2019年增加约10台，主要集中在先进封装、LED方面，在FPD领域也有出货。

1.1.3　产业发展趋势

2021年是全球晶圆厂设备支出的标志性一年，增长率为24%，达到创纪录的677亿美元，所有产品领域都有望实现稳定增长。从产业趋势来看，存储器厂成为投资主力。基于三星、海力士及美光等存储芯片龙头的二季度数据，服务器云计算、5G基础建设将会带动相关芯片需求增长。

受益于下游需求旺盛，光刻设备有望量价齐升带动市场空间不断增长。随着芯片制程的不断升级，集成电路（integrated circuit，IC）前道光刻机制造日益复杂，其价格不断攀升。先进制程发展使得晶体管成本降低，但是光刻机价格不断增高。目前7nm EUV光刻机平均每台价格达到了1.2亿欧元。晶圆尺寸变大和制程缩小将使产线所需的设备数量加大，性能要求变高。12寸晶圆产线中所需的光刻机数量相较于8寸晶圆产线将进一步上升。同时，随着2020年半导体产线的持续扩产，光刻机需求也将进一步加大。

目前光刻机行业已经成为一个高度垄断的行业，行业壁垒较高：ASML独占鳌头，成为唯一的一线供应商，旗下产品覆盖了全部级别的光刻机设备；Nikon高开低走，但凭借多年技术积累，勉强保住二线供应商地位；而Canon只能屈居三线；上海微电子作为后起之秀，暂时只能提供低端光刻设备，由于光刻设备对知识产权和供应链要求极高，短期内很难达到国际领先水平。

高端光刻机市场中ASML仍将一家独大。2019年，EUV光刻机领域ASML独占鳌头，市占率100%。从EUV、ArFi、ArF机型的出货来看，全年共出货154台，其中ASML出货130台，在高端市场占84%的份额。Nikon在高端光刻机市场仍有一席之地；Canon则完全退出高端市场，将其业务重点集中于中低端光刻机市场。中低端光刻机市场竞争激烈，产品包括封装光刻机、LED光刻机以及面板光刻机等，与复杂的IC前道制造相比，工艺要求和技术壁垒较低。Canon凭借价格优势拿下不少的中低端市场份额。

通过对本产业的上述调查研究，可以得出以下两点结论：

（1）中国虽然在光刻机领域取得了一定的成绩，但与外国在高端光刻机特别是EUV光刻机上的技术存在显著差距，是芯片产业特别薄弱的环节。目前中国还没有研制成功并投入量产的EUV光刻机，即便是涉及的各核心部件，如光源、光学镜组、工作台测量系统等方面大多还处于研制开发阶段。

（2）在高端光刻机的研制上，技术利用和创新还存在“卡脖子”的问题。国内的领军企业上海微电子在光刻机的研制过程中经常会受到国外专利技术的牵制，影响相关技术的使用以及自身专利技术布局。

因此，本课题的首要目的是通过对高端光刻机，特别是EUV光源的EUV光刻机的相关专利文献的梳理，一方面全面剖析EUV光刻机的各子领域的技术发展基本情况和目前及未来这些领域内研究的热点，使我国相关产业从业者能够清楚未来一段时间内研发的关键和重点所在；另一方面，针对“卡脖子”的问题，梳理国外巨头的专利布局情况和存在难以绕开的专利领域，形成了较大的“专利壁垒”，并从专利分析的角度给出对我国光刻机技术发展的建议。

1.2 研究对象和方法

对于高端光刻机行业，从国外申请人与国内申请人的全球/中国专利布局来看，呈现几种典型特点：

（1）国外企业对比国内企业在专利储备上占绝对优势；

（2）相当一部分专利技术并未在中国进行有效布局；

（3）对于部分重点核心技术，国外企业虽然布局数量少，但布局早，形成的权利要求保护范围大，未来可能会在某些方面给中国产业的技术研发带来障碍；

（4）部分技术以非专利的文献形式被公开，并未申请专利。

针对本行业的上述特点，确定了本课题的研究对象及研究方法。

1.2.1 研究对象

目前芯片加工工艺已经突破5nm工艺节点，这使得原深紫外（deep ultraviolet，DUV）光刻机已经不能满足目前光刻的要求，取而代之的是目前国际上最流行的EUV光刻机。EUV光刻机以波长为10～14nm的EUV光作为光源，要求光学系统只使用反光镜，且对工件台也有特殊的要求，能够满足目前高端芯片的生产要求，但目前我国在EUV光刻机成品上还处于空白状态，因此本课题选择EUV光刻机作为研究对象。

经过征求行业专家的意见，根据业界常规的EUV光刻机技术划分方式，将EUV光刻机划分为曝光系统、工件台及测量系统以及环境与真空三个一级技术分支，形成技术分解表。其中曝光系统是指产生光刻蚀用EUV光以及将EUV光投射到刻蚀用的基板的部分；工件台与测量系统是指对待刻蚀的基板进行承接，并根据需要进行移动，并且保障刻蚀精度的部分；环境与真空是指为保障光刻机的正常运行而采取的真空度、温度、避震、防污染等方面的限制。曝光系统、工作台及测量系统、环境与真空的技术分支如表1－2－1至表1－2－3所示。

表1－2－1　曝光系统技术分解表

一级分支	二级分支	三级分支
曝光系统	EUV光源	提高转换效率
		减少污染
		提高稳定性
		其他
	照明系统	提高均匀性
		减少吸收（提高利用率）
	投影物镜	物镜设计
		反射镜配置

表1-2-2 工件台及测量系统技术分解表

一级分支	二级分支	三级分支
工件台及测量系统	工件台	控制
		结构
	测量系统	对准
		调平调焦
		位移测量

表1-2-3 环境与真空技术分解表

一级分支	二级分支	三级分支
环境与真空	真空环境	密封结构
		动态气体锁
		阀体控制
		真空测量（气体压力计）
	温度控制	直接控制方式
		介质类控制方式
		温度控制算法
		温度测量
	整体减震	主动减震
		振动隔离
	污染控制	防止污染
		清除污染

1.2.2 研究方法

1.2.2.1 研究方法介绍

本报告的专利分析工作以中国国家知识产权局提供的专利数据库中所获得的专利文献数据为依托，结合行业内技术标准、诉讼、竞争等相关数据，综合运用了定量和定性分析方法。具体研究内容包括：专利技术整体态势分析；全球、中国专利申请分布状况；主要申请人专利申请状况；关键技术专利申请分布状况；重要专利分析、研发方向预测、专利方案撰写技巧、申请策略、未来市场预测等多个方面。

首先划分技术分支表以及制定相应的检索策略，平衡查全率和查准率，得到依托的专利文献；其次进行标引和分类；再次结合产业市场数据，对各标引项进行统计分析，获得技术、产业和市场的发展趋势；最后阅读专利文献的具体技术内容，找出某些重要技术方向下被关注的专利文献，进行详尽分析，以期得到研究方向、技术演进等方面的结论。

1.2.2.2 数据检索

本报告的专利文献数据主要来自中国国家知识产权局专利检索与服务系统（以下简称“S系统”）。数据检索截止时间为2021年8月16日。

由于EUV光刻机领域各一级分支之间的相似度不高，技术领域差别较大，因此本报告涉及的专利检索采用了分总式检索策略。首先，借助关键词与分类号的结合，在摘要库和全文库分别对技术分解表中的各技术分支进行检索，得到该技术分支的检索结果，然后，将各技术分支的检索结果进行合并，得到总的检索结果，以提高数据的全面性。后续先通过使用同位算符、全文中检索频次、多种分类号有效去噪，接着再对获得的大量检索结果进行人工浏览和手工去噪，以提高数据的准确性。上述过程虽然牺牲了一定的效率，但是能够获得具有较好的查全率和查准率结果。

技术信息来源为如下数据库：

（1）专利文献来源

德温特世界专利索引数据库（DWPI）；中国专利检索系统文摘数据库（CPRS-ABS）；incoPat数据库；Patentics数据库。

（2）非专利文献来源

中文：百度搜索引擎；外文：谷歌搜索引擎、Web of Sicence数据库。

（3）法律状态查询

中文法律状态数据来自CNPAT数据库。

（4）引用频次查询

引文数据来自德温特引文数据库（DII）和SooPAT网站。

（5）诉讼相关数据主要来自Innography分析平台、“台湾实验研究院科技政策研究与咨询中心”的网上公开资料，以及中国知识产权裁判文书网、中国法院网、广东法院网等的网络公开信息。

1.2.2.3 查全率和查准率

查全率和查准率是评估检索结果优劣的指标。查全率用来评估检索结果的全面性；查准率用来衡量检索结果的准确性。设S为待验证的待评估查全专利文献集合，P为查全样本专利文献集合（P集合中的每一篇文献都必须与要分析的主题相关，即“有效文献”），则查全率 $r = num(P \cap S) / num(P)$，其中 $P \cap S$ 表示P与S的交集，num（）表示集合中元素的数量。设S为待评估专利文献集合中的抽样样本，S’为S中与分析主题相关的专利文献，则查准率 $p = num(S') / num(S)$。

（1）查全率

1）基于重要申请人来构建查全样本专利文献集合

EUV光源：以申请人ASML为入口通过人工阅读、清理获得与EUV光源密切相关的专利申请文件48篇，在检索结果中查找，命中43篇，得到查全率89.58%。

照明系统：以申请人 ASML、Zeiss、Nikon、Canon 为入口通过人工阅读、清理获得与照明系统密切相关的专利申请文件52篇，在检索结果中查找，命中44篇，得到查全率84.62%。

投影物镜：以申请人 ASML、Zeiss 为入口通过人工阅读、清理获得与投影物镜密切相关的专利申请文件51篇，在检索结果中查找，命中42篇，得到查全率82.35%。

2）基于不同的检索工具来构建查全样本专利文献集合

工件台及测量系统：采用由外网检索引擎 Patentics（http：//www.patentics.com/searchcn.htm）检索的结果来组成查全样本文献集合P，采用关键词检索：（EUV）and（光刻）and（工件台 or 工作台 or 对准 or 调平调焦），得到65篇专利申请文件，在检索结果中查找，命中57篇，得到查全率87.69%。

环境与真空：采用由外网检索引擎 Patentics 和 Google Patents（http：//www.google.com.hk/patents）共同检索的结果来组成查全样本文献集合P，在外网检索引擎 Patentics 中采用关键词检索：（极紫外）and（光刻）and（热平衡 or 负压 or 减震 or 碎屑），得到41篇专利申请文件，在 Google Patents 中采用关键词检索：光刻远紫外，得到14篇，共55篇，在检索结果中查找，命中50篇，得到查全率90.91%

（2）查准率

EUV 光源：从检索结果中随机挑选100篇，通过人工逐篇阅读的方式确定有效文献87篇，查准率87%。

照明系统：从检索结果中随机挑选100篇，通过人工逐篇阅读的方式确定有效文献89篇，查准率89%。

投影物镜：从检索结果中随机挑选100篇，通过人工逐篇阅读的方式确定有效文献86篇，查准率86%。

工件台及测量系统：从检索结果中随机挑选100篇，通过人工逐篇阅读的方式确定有效文献85篇，查准率85%。

环境与真空：从检索结果中随机抽取100篇，通过人工逐篇阅读的方式确定有效文献90篇，查准率90%。

1.2.3 相关事项和约定

本节对本报告中反复出现的各种专利术语或现象，一并给出如下解释：

专利所属国家/地区：在本报告中，专利所属的国家/地区是以专利申请的首次申请优先权国家/地区来确定的，没有优先权的专利申请以该项申请的最早申请国家/地区确定。

项：同一项发明可能在多个国家/地区提出专利申请，DWPI 数据库将这些相关申请作为一条记录收录。在进行专利申请数据统计时，对于数据库中以一族（同族）数据的形式出现的一系列专利文献，计为“1项”。一般情况下，专利申请的项数对应于技术的数目。

件：在进行专利统计时，例如为了分析申请人在不同国家、地区或组织所提出的专利申请的分布情况，将同族专利申请分开进行统计，所得到的结果对应于申请的件数。1项专利申请可能对应于1件或多件专利申请。

专利族、同族专利：同一项发明创造在多个国家/地区申请专利而产生的一组内容相同或基本相同的专利文献，称为一个专利族或同族专利。从技术角度看，属于同一专利族的多件专利申请可视为同一项技术。在本课题中，针对技术和专利首次申请国家/地区分析时对同族专利进行了合并统计，针对专利在国家/地区的公开情况进行分析时对各件专利进行了单独统计。

专利被引频次：专利文献被在后申请的其他专利文献引用的次数。

国内申请：中国申请人在中国国家知识产权局的专利申请。

中国申请：申请人在中国国家知识产权局的专利申请。

有效：在本报告中，“有效”专利是指到检索截止日为止，专利权处于有效状态的专利申请。

无效：在本报告中，“无效”专利是指到检索截止日为止，已经丧失专利权的专利或者自始至终未获得授权的专利申请，包括专利申请被视为撤回或撤回、专利申请被驳回、专利权被无效、放弃专利权、专利权因费用终止、专利权届满等。

图表数据约定：由于2020年或2021年数据不完整，其不能完全代表真正的专利申请趋势，因此，在与年份有关的趋势图表中未全部给出2020年或2021年数据。

第 2 章　专利壁垒指数模型研究

2.1　研究意义

EUV 光源光刻机领域中的创新主体主要是国外跨国企业，特别是跨国公司中的 ASML，进入 21 世纪后占据了高端光刻机市场的垄断地位，目前在市场上呈现一家独大的态势。为了巩固其产品的市场垄断地位，ASML 早已开始以专利为载体开展有策略的专利布局，这样的局面对于中国创新主体而言既是挑战，亦是机遇。如果能够对海外的大量专利信息资源进行有效利用，聚焦关键技术分支，梳理技术发展脉络，针对关键技术挖掘未入华核心专利，预警已入华专利壁垒，这无疑对助力中国创新主体的技术发展是极其有利的，也是中国创新主体全面客观掌握国外巨头的中国市场布局策略的一个好的视角。因此，单纯分析某个或某系列专利的保护强度尚不足以对某一类技术分支的专利保护情况作出有效评价，为此，本报告创新地提出“专利壁垒指数模型”，来对以上问题的解决途径进行探索。

本报告所指的“专利壁垒”是指获得或可能获得专利权的专利对某类技术分支的保护强度。“专利壁垒指数”是指对上述专利技术的保护强度的一种定量描述方式，是对“专利壁垒”高低强弱的一种定量描述。“专利壁垒指数模型”是获得专利壁垒指数的模型，其研究意义在于宏观上对每个分支技术给出专利保护强度的量化数值，为每个分支的技术布局及研发提供宏观上的数据支持。

2.2　研究对象

专利壁垒分析的目的是对于非中国公司在中国已授权的专利的保护范围进行宏观分析，因此确定研究的对象首先是专利的申请人/专利权人是非中国申请人。另外，为减少研究的不确定性，本报告仅研究已经获得授权且在有效保护期内的专利，还处于在审状态的专利，不列为本次研究的研究对象。即以在中国申请并获得授权的、目前处于有效状态的非中国申请人申请的专利作为研究对象。

2.3　研究优势

现有的对于专利壁垒的研究着重于对专利数量的统计，即对于某个技术点或某个技术分支统计相关专利的数量，常见的表示形式比如技术功效表（技术功效表除用于专利壁垒研究外，也用于对技术发展趋势的预测）。如果某个技术点或某技术分支统计的专利数量多，则说明该处的专利保护强度大，专利壁垒高。但这里忽略了专利的保护价值中除数量因素外的其他因素。通常，在描述专利的保护范围时还包括有：独立权利要求特征数、专利的权利要求数量等。此外，影响专利的保护价值的因素还包括剩余保护年限等。因此如果想更准确地描述某个领域的专利保护强度或专利壁垒时，应当对上述因素进行综合考虑，对每个技术点或技术分支的专利壁垒定量化，以更精确地对每个技术点或技术分支的相对保护力度进行比较研究。与已有的研究相比，创新点在于不局限于研究单个专利的保护范围，而是着力于围绕要解决的技术问题的技术手段的专利群的保护强度或某个子技术分支专利群的保护强度，既考虑了核心专利的保护强度，又考虑了专利聚焦在一起的共同保护效应。这样能够对国外公司在华的专利提供宏观的专利预警分析。

另外，横向比较每个技术点或技术分支专利壁垒的相对强弱，可以为我国在技术路线的选择上提供横向的比较参考，选择出最合适的能减少专利侵权风险的技术发展道路。

2.4 专利壁垒指数模型

2.4.1 建立流程

模型建立的流程包括相关专利数据的获取、专利壁垒指数建立的规则、专利数据的统计分析。

（1）方案制订。根据产业及调研和分析情况，结合需求，提出专利壁垒建立方案，明确分析范围、分析重点以及应用研究成果分析。

（2）研究实施。根据制订的方案，建立围绕技术点或技术分支的专利壁垒指数模型，使用该方法对统计范围内的专利进行计算得出指数值。对指数值进行解析分析得出结论。

专利壁垒指数模型建立过程按以下步骤进行：

第一步，选取建立专利壁垒指数模型所需的影响因子（具体影响因子参见后续章节）。

第二步，确定各指标的权重，在计算出每一项专利的得分后，根据专利的技术分支归属，计算所属技术分支的专利得分平均值作为技术发展趋势指数。其中，授权独立权利要求特征数作为关键指标，代表了相关专利技术的保护范围的大小；另外，专利密度反映的是围绕该技术问题或采用该技术问题所使用的专利组合的保护强度。随后，筛选模型对待分析领域的专利文献进行排名统计，得到每个子领域的技术在华的专利保护相对强弱。

如果得分相对较高，说明在该领域的专利保护强度相对较大，专利壁垒较高，在使用相关技术时侵权的风险较大。如果得分相对较低，说明在该领域的专利保护强度相对较低，专利壁垒较低，相应的在使用相关技术时侵权的风险较低。

2.4.2　相关因素

专利壁垒指数由技术点或分支领域的聚集专利数、单件授权专利的专利保护力度以及剩余保护年限共同决定。这些选取的壁垒指数的影响因子都与专利的保护强度相关联，专利的保护强度越高，则专利的壁垒指数值越高。

上述的技术点或分支领域的聚集专利数采用“专利密度”来表示。专利密度值越高，相应的符合条件的专利群围绕该技术点或涉及该技术领域的保护强度越高。上述专利密度是专利壁垒指数建立的一个重要因子。专利密度的具体数值，可以采用人工标引的方式得到，也可以采用机器标引的方式得到。其中若采用机器标引的方式，需要用到专利文本的数据语义识别原理，并且借助现有数据库的相似度排序得到。采用机器标引的方式相比人工标引，可以分析不用技术分支主题的聚合度和专利布局热点，在合理的误差范围内，可以替代人工阅读去噪和人工标引的过程，极大地提高了专利情报分析的效率。当然，若完全采用机器标引的方式，则也存在某些技术领域难以提取关键词、语义解析不准确的问题。实际上，在标引单篇文献时采用了机器与人工标引相结合的方法，发挥了两者的长处。

对于单件专利，主要选取了授权专利权利要求数、授权独立权利要求特征数衡量单件专利的保护强度（这里的单件专利均是指授权有效的处于保护期的专利）。对于授权专利权利要求数，如果专利权利要求数越多，则该专利的保护强度越大；而对于授权独立权利特征数，如果独立权利要求特征数越少，则该专利的保护强度越大。

对于专利的剩余保护年限，如果专利的剩余保护年限越长，则该专利的保护强度越大；如果专利的剩余保护年限越短，则该专利的保护强度越低。

除上述的建立专利壁垒所需的因子外，还需要找出每个因子的权重。对于因子的权重，本模型采用了“德尔菲法”来确定。“德尔菲法”也称“专家调查法”，其本质上是一种反馈匿名函询法，其大致流程是在对所要预测的问题征得专家的意见之后，进行整理、归纳、统计，再匿名反馈给各专家，再次征求意见，再集中，再反馈，直至得到一致的意见。实际上，上述的“专利密度”“单件专利权利要求数”“单件专利独立权利要求技术特征数”以及“单件专利剩余保护年限”的权重，由专家成员匿名按重要程度排序打分，然后不断调整而得到。

通过上述模型因子的选取以及权重的确定，可以建立起描述专利壁垒指数的公式。该公式表达式如下：

$$B_k = \sum_i G_i F_i$$

上式中B_k表示第 k 个技术点或技术分支的专利壁垒指数；F_i是指第 i 个影响因子；G_i是指与第 i 个影响因子相对应的权重。

上述公式可定量地对各个技术点以及技术分支的专利壁垒程度进行横向比较。上述专利壁垒模型的建立和对 EUV 光刻机技术的应用，能够快速挖掘出蕴含在错综复杂的专利布局中的潜在信息，使国内产业的技术人员及时从宏观上了解和掌握研发方向上可能面临的专利障碍，做到高风险专利壁垒预警，有效助力其技术创新与发展。

第3章 高端光刻机全球竞争情报分析

3.1 高端光刻机专利总体竞争态势

EUV 光刻机技术起源较早，但早期的专利还未提出完整的光刻机技术方案，仅是对其中某些组成部件的研究，例如对于 EUV 光源的研究。并且早期的研究没有连续性，往往出现中间年份研究中断的情况。因此本课题主要将研究范围限定在近30年，将部分分支的研究限定在近25年，即将该技术逐渐走入产业化，被行业内所普遍认知的时间点作为课题研究的起点。

3.1.1 总体申请趋势

回顾整个 EUV 光刻机技术专利申请态势，EUV 光刻机技术全球申请量总体呈现波动状态。但从整体趋势看，光刻机的精度决定了芯片的精度，光刻机的精度越高，那么芯片的精度也越高。基于 EUV 光刻机可以实现更高的光刻分辨率、更高的生产效率。因此可以预见，未来高端光刻机专利，特别是 EUV 光刻机的全球年专利申请量仍然会维持在一个较高的水平上。

针对中国市场，各大厂商从2000年已经开始重点布局，但在早期，中国专利的布局并不算多，中国并不是主要的专利布局市场。但在中国的专利申请量一直保持上升趋势，可见各大厂商对中国市场有一个逐渐重视的过程。从图3－1－1的数据中，不

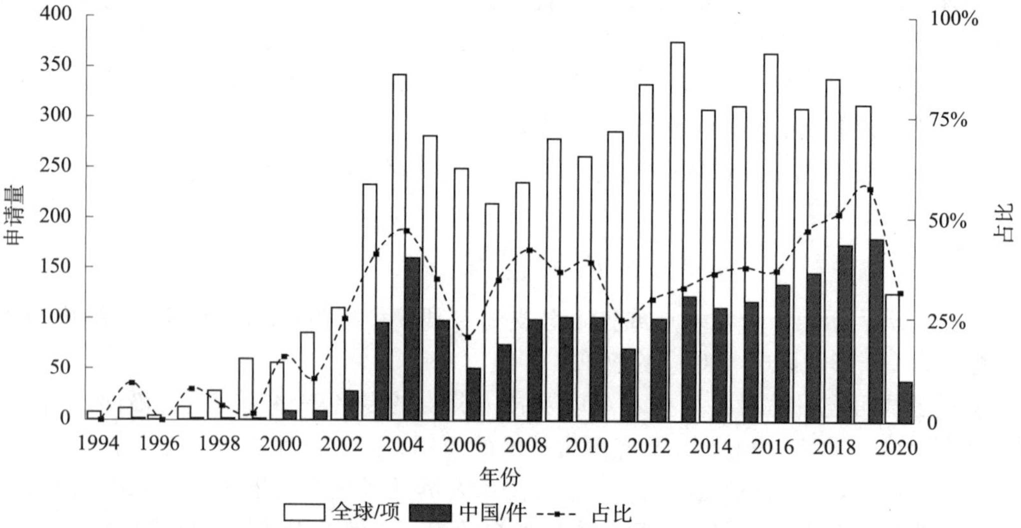

图3－1－1 EUV 光刻机全球及中国申请趋势

难发现，2019 年中国申请占全球申请接近一半，中国成为全球新的重要市场。但应看到，虽然中国的专利申请量在增大，但国内研究起步较晚，来自中国申请人的专利申请数量与外国申请人的专利申请数量上存在显著差距。

3.1.2 原创/目标国家/地区专利申请分布

图 3-1-2 和图 3-1-3 分别展示了全球 EUV 光刻机技术原创国家/地区和目标国/地区的专利申请数量分布情况。

从技术原创国家/地区的角度分析，美国和欧洲分别以 39%、23% 的占比成为全球最重要的 EUV 光刻机技术输出国家/地区，日本以 18% 列居第三。美国、欧洲、日本、德国四个国家/地区占据了全球 EUV 光刻机技术输出的 94%，中国以 3% 列居第五位。

从技术目标国/地区的角度分析，美国以 27% 成为最大的专利申请目标国。中国作为新兴的 EUV 光刻机市场，以 23% 的占比成为目前全球排名第二的专利申请目标国。日本为第三大专利申请目标国，占比为全球总量的 21%。欧洲以 15% 的占比位列第四，韩国以 12% 的占比位列第五。

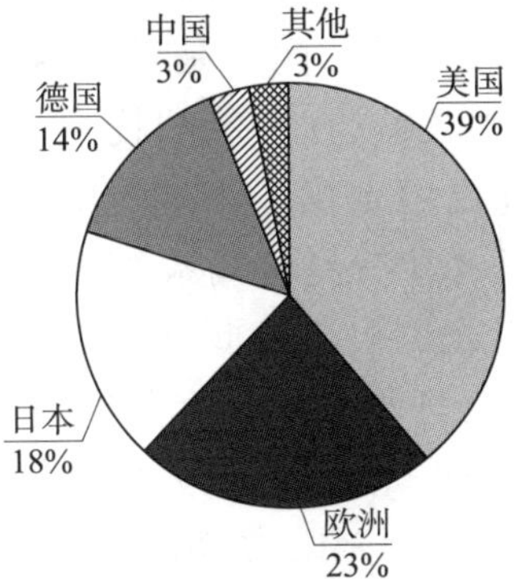

图 3-1-2 EUV 光刻机技术原创国家/地区分布

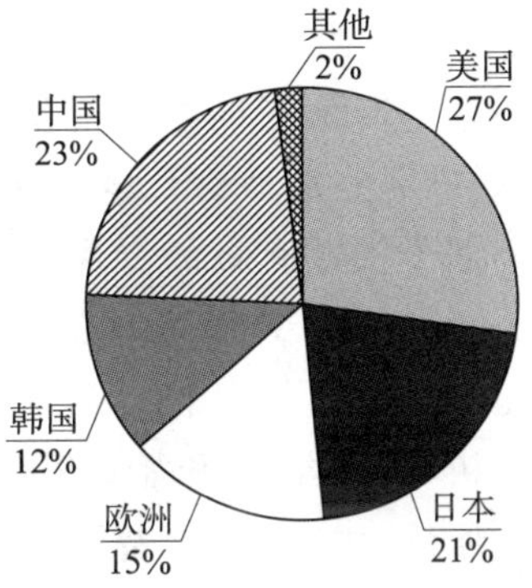

图 3-1-3 EUV 光刻机技术目标国家/地区分布

3.1.3 重要申请人分析

图 3-1-4 展示了 EUV 光刻机全球主要申请人排名情况。从 EUV 光刻机全球主要申请人排名来看，ASML 凭借在行业内多年的技术积累，占据了绝对的领先优势，其以 1741 项专利申请遥遥领先于其他申请人，在领域内有着较高的话语权。同时，ASML 非常重视中国市场，其以 917 项专利申请，即将近其全球布局 52.67% 的专利申请量在中国进行布局，足可见其对中国市场的重视。

在全球申请人排名中，Zeiss 以 968 项专利申请位列第二。Nikon、G 公司等申请人以相近的数量占据了第三集团的位置。台积电和 Canon 虽然与前述申请人存在差距，但申请量也均在200项以上，均拥有一定量的专利储备。上海微电子在申请数量上与前三集团的诸多公司均存在一定差距。

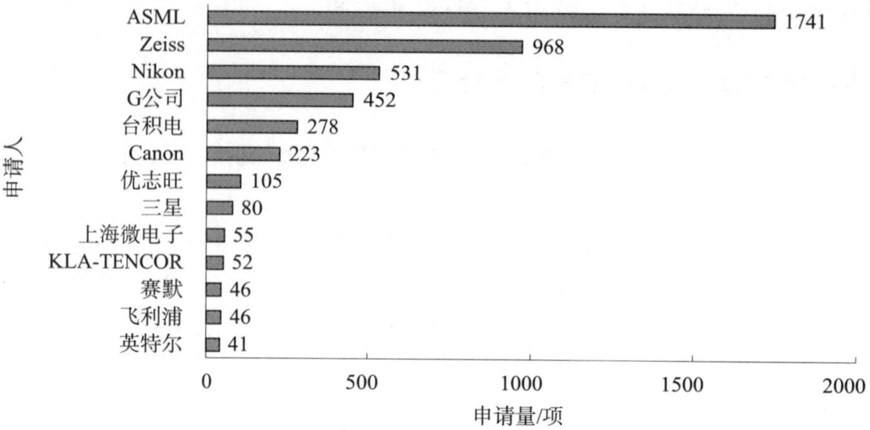

图3-1-4 EUV光刻机全球专利申请人排名

上述排名中，ASML是这个行业里的领导者，其领先地位不仅体现在专利申请量上，还体现在对这个行业的其他厂商的控制上，因为排在其后的Zeiss专注于光刻机用光学部件的研发，为ASML提供光学投影物镜等配套部件，两者是互相结盟的关系。Nikon、Canon是传统的日本光刻机厂商，其在光刻机领域有一定的技术积累，虽然在EUV光刻机部分被ASML全面压制，甚至Canon已经退出了高端光刻机市场，但是在一些个别子领域有一些专利技术的布局。台积电和三星是高端光刻机的使用厂商，它们的专利技术主要集中在芯片刻蚀配套使用光刻机上。此外，G公司以及赛默是光源提供厂商。其中的G公司在下述章节中还会详细分析。赛默专注于EUV光源的开发，从21世纪初开始，2006年后逐渐在EUV光源的开发上达到顶峰，如图3-1-5所示。这也使得赛默引起了ASML的注意。ASML在2008年后决定采用赛默的光源技术，从而使其光刻机的制程工艺跨上新台阶，奠定了其在高端光刻机的领导地位。

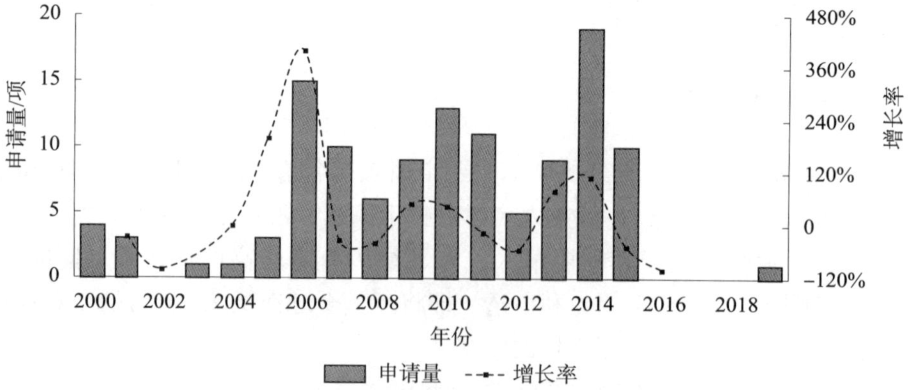

图3-1-5 赛默专利申请变化趋势

3.2　全球科技文献技术情报分析

光刻机特别是 EUV 光刻机始终是相关科研机构的研究重点，这不仅体现在制造的技术工艺上需要突破创新，在理论上也需要去完善、更新，才能推动这个行业的发展以满足高端芯片制造的技术需要。因此不仅需要研究专利技术，对于非专利技术也需要有一定的认识，才能辅助专利技术研究成果，使结论更准确。因此笔者在完成专利分析的同时，对于相关的非专利文献也有一定的关注，力求能展示该领域全貌，并能给出更全面的建设性意见。

通过对高端光刻机领域的文献进行深入研究发现，许多新技术并不是以专利的形式出现的，而是以发表文章的形式出现的。这些文章的一些作者是专利的发明人，也有一些作者提交专利申请较少，从而出现一些技术仅出现在非专利文献中的情况。根据高端光刻机领域的这一特点，课题组对这些科技文献也进行了梳理研究。

如图 3－2－1 所示，全球非专利文献数据量在 1998 年之前较少，1998 年开始提升，在 2007 年达到顶峰后总体处于下降趋势，总文献量为 1652 篇。

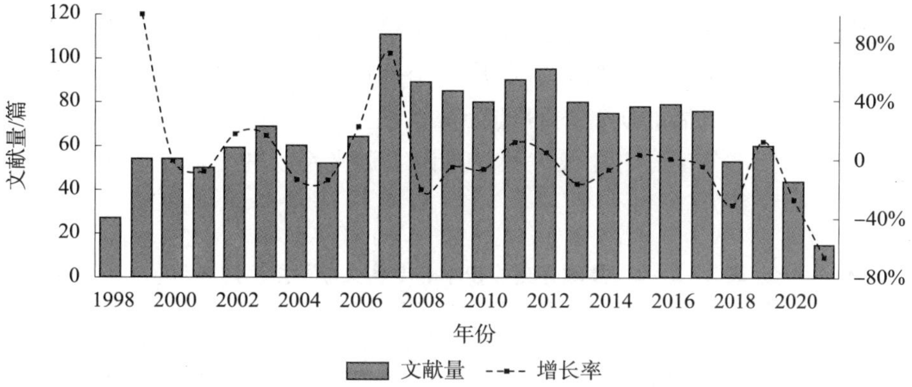

图 3－2－1　高端光刻机技术非专利文献发展趋势

将该非专利文献发展趋势与同期的专利申请发展趋势对比可以看出：专利申请的两个高峰期 2004 年和 2017 年并没有出现同期的非专利文献的突增。

对上述相关的科技文献的来源进行统计，发现高端光刻机领域的非专利文献发表的刊物具有一定的集中性，主要集中在 *Extreme Ultraviolet*（EUV）*Lithography*（Ⅰ－Ⅷ）以及 *Journal of Vacuum Seicence & Technology B* 上。其中 *Extreme Ultraviolet*（*EUV*）*Lithography*（Ⅰ－Ⅷ），统计其历年的总出版数量，达到 170 篇，位于榜首，具体情况如表 3－2－1 所示。

表 3－2－1　高端光刻机技术非专利文献出版物排名

排名	出版物名称	文献量/篇
1	*Extreme Ultraviolet*（*EUV*）*Lithography*（Ⅰ－Ⅷ）	170

续表

排名	出版物名称	文献量/篇
2	*Journal of Vacuum Science & Technology* B	158
3	*Japanese Journal of Applied Physics*	111
4	*Journal of Micro – Nanolithography MEMS and MOEMS*	96
5	*Journal of Photopolymer Science and Technology*	68
6	*Microelectronic Engineering*	62
7	*Applied Optics*	38
8	*Solid State Technology*	18

另外，对非专利文献平均引用次数进行统计：每年平均引用次数最高的20篇文献如表3－2－2所示。其中位于第一的*EUV Lithography Gets Extreme*自2010年发表以来，总共被引用了334次，平均每年被引用27.42次。该文章对减轻掩膜缺陷给出了实验评估，基于ASML的3400B光刻机进行了性能评定，经验证其掩膜缺陷优化的效果突出。其余文献中，综述性文章有6篇，涉及抗蚀剂内容的有3篇，涉及光源污染的有2篇，涉及提升光源功率的有1篇，占比量最大的是涉及曝光系统的研究，共有7篇文献。曝光系统研究的内容引用量如此地高，也从一个侧面证明光刻机的曝光系统是核心部件，任何对曝光系统有价值的研究内容即会被关注并大量引用。除了对曝光系统的研究，涉及光源研究的部分也是占比较大的。这说明曝光系统和光源是EUV光刻的主要研究内容。

表3－2－2　高端光刻机技术非专利文献引用度排名

序号	标题	出版年	作者	年均被引频次
1	*EUV Lithography Gets Extreme*	2010	Christian Wagner; Noreen Harned	27.42
2	*Extreme Ultraviolet Lithography: A Review*	2007	Banqiu Wu; Ajay Kumar	15.27
3	*Resist Materials and Processes for Extreme Ultraviolet Lithography*	2013	Toshiro Itani; Takahiro Kozawa	12.67
4	*Sub – 10 nm Patterning Using EUV Interference Lithography*	2011	Birgit Paeivaenranta; Andreas Langner; Eugenie Kirk; Christian David; Yasin Ekinci	11.73
5	*Extreme Ultraviolet Lithography*	1998	C. W. Gwyn; R. Stulen; D. Sweeney; D. Attwood	11.42

续表

序号	标题	出版年	作者	年均被引频次
6	*Sub – 50 nm Period Patterns with EUV Interference Lithography*	2003	H. H. Solak；C. David；J. Gobrecht；V. Golovkina；F. Cerrina；S. O. Kim；P. F. Nealey	9.79
7	*Optical Lithography Lithography at EUV* Wavelengths	2010	Greg Tallents；Erik Wagenaars；Geoff Pert	8.58
8	*Plasma Physics and Radiation Hydrodynamics in Developing an Extreme Ultraviolet Light Source for Lithography*	2008	Katsunobu Nishihara；Atsushi Sunahara；Akira Sasaki 等	7.5
9	*Extreme Ultraviolet Lithography*	1999	R. H. Stulen；D. W. Sweeney	7.09
10	*Reconstruction of Latent Images from Dose – Pitch Matrices of Line Width and Edge Roughness of Chemically Amplified Resist for Extreme Ultraviolet Lithography*	2010	Takahiro Kozawa；Hiroaki Oizumi；Toshiro Itani；Seiichi Tagawa	7.08
11	*Surface Phenomena Related to Mirror Degradation in Extreme Ultraviolet （EUV） Lithography*	2006	Theodore E. Madey；Nadir S. Faradzhev；Boris V. Yakshinskiy；N. V. Edwards	6.44
12	*Dependence of Absorption Coefficient and Acid Generation Efficiency on Acid Generator Concentration in Chemically Amplified Resist for Extreme Ultraviolet Lithography*	2007	Ryo Hirose；Takahiro Kozawa；Seiichi Tagawa；Toshiyuki Kai；Tsutomu Shimokawa	6.27
13	*Extreme Ultraviolet Interference Lithography at the Paul Scherrer Institute*	2009	Vaida Auzelyte；Christian Dais；Patrick Farquet；Detlev A. Gruetzmacher等	6.15
14	*Extreme Ultraviolet Light Sources for Use in Semiconductor Lithography – State of the Art And Future Development*	2004	U. Stamm	5.78

续表

序号	标题	出版年	作者	年均被引频次
15	*High Conversion Efficiency Mass – Limited Sn – Based Laser Plasma Source for Extreme Ultraviolet Lithography*	2004	M Richardson；C. S. Koay；K. Takenoshita；C. Keyser；M. Al – Rabban	5.06
16	*Sub – 50 nm Feature Sizes Using Positive Tone Molecular Glass Resists for EUV Lithography*	2006	S. W. Chang；R. Ayothi；D. Bratton；D. Yang；N. Felix；H. B. Cao；H. Deng；C. K. Ober	5
17	*Exposure of 38 nm Period Grating Patterns with Extreme Ultraviolet Interferometric Lithography*	1999	H. H. Solak；D. He；W. Li；S. Singh – Gasson；F. Cerrina；B. H. Sohn；X. M. Yang；P. Nealey	4.91
18	*Plasma Sources for EUV Lithography Exposure Tools*	2004	V. Banine；R. Moors	4.78
19	*Practical Approach for Modeling Extreme Ultraviolet Lithography Mask Defects*	2002	E. M. Gullikson；C. Cerjan；D. G. Stearns；P. B. Mirkarimi；D. W. Sweeney	4.4
20	*Multilayer Reflective Coatings for Extreme – Ultraviolet Lithography*	1998	C. Montcalm；S. Bajt；P. B. Mirkarimi；E. Spiller；F. J. Weber；J. A. Folta	4.17

EUV 光刻机文献中的主要发表作者排名如图 3－2－2 所示，其中 T. KOZAWA 以 73 篇的文献量居于首位。

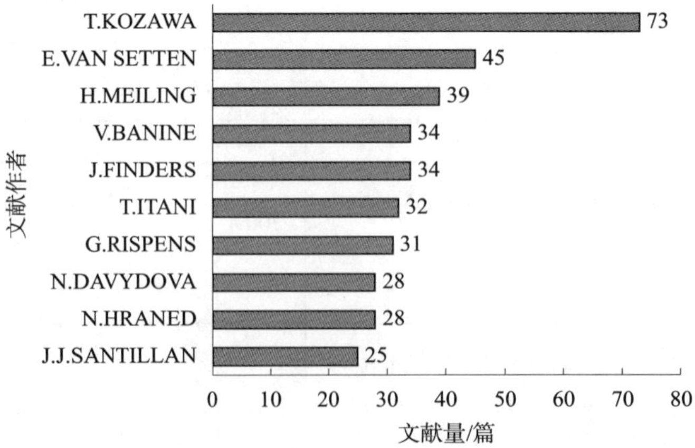

图 3－2－2　高端光刻机技术主要非专利文献作者发表数排名

从表3－2－3的非专利文献作者来源看：美国、日本和荷兰位居前三位。这三个国家的非专利文献占据了整个非专利文献量的80%，是主要的技术发源地。

表3－2－3 高端光刻机技术非专利文献作者来源国/地区排名

排序	国家/地区	发表数量/篇
1	美国	680
2	日本	456
3	荷兰	419
4	德国	155
5	韩国	112
6	比利时	105
7	瑞士	85
8	中国	68
9	法国	36
10	俄罗斯	32

注：存在一篇文献的作者来自多个国家/地区的情况。

对总计1652篇非专利科技文献进行了简单的技术标引和技术统计，其中技术标引按照一级技术分支，即曝光系统、工件台及测量系统、环境与真空三个技术分支（不属于这三个技术分支的、涉及光刻机的其他技术列为“其他”，本书不作进一步探讨。）进行标引和数据统计，得到图3－2－3所示的结果。

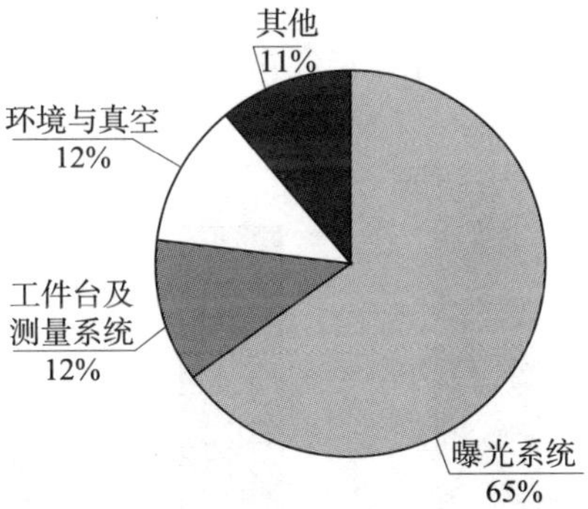

图3－2－3 高端光刻机技术科技文献分布

分析图3－2－3可以发现，其技术分布与引用量的前20名非专利文献的占比大致相同，即曝光系统占据了非专利文献中的绝大部分的研究内容，而环境与真空和工件台及测量系统两个技术分支占比较为平均，与曝光系统有着不小的差距。曝光系统涉及光刻机的核心部件，决定着光稳定性和光刻精度，因此在专利分析中，这部分也是重点需要分析的内容。

在后续的研究中，本报告根据每个分支的特点，对科技文献中有关的内容数据进行统计，挖掘出有用的文献和有一定影响力的作者，并且关注这些作者近期的研究热点，以期对后续的技术分支的热点技术分析起到辅助作用。

3.3 各领域申请趋势及布局趋势分析

将 EUV 光刻机划分成三个一级技术分支，分别为：曝光系统、工件台及测量系统、环境与真空。下面将按这三个技术分支对专利申请及专利布局情况进行分析。

3.3.1 曝光系统

业界根据结构组成一般将 EUV 光刻机划分为曝光系统、工件台及测量系统、环境与真空三大部分，而曝光系统是支撑 EUV 光刻机中 EUV 光出光的稳定性以及光刻工艺的精度的最关键部件，是 EUV 光刻机研究的核心内容。并且，从图 3－3－1 所示的曝光系统专利申请量在 EUV 光刻机专利申请量中的占比来看，与曝光系统有关的专利申请占到整个 EUV 光刻机专利申请的 66%，这也从专利方面印证了曝光系统是 EUV 光刻机的研发重点。因此，本报告也将曝光系统作为整个 EUV 光刻机研究的重点。

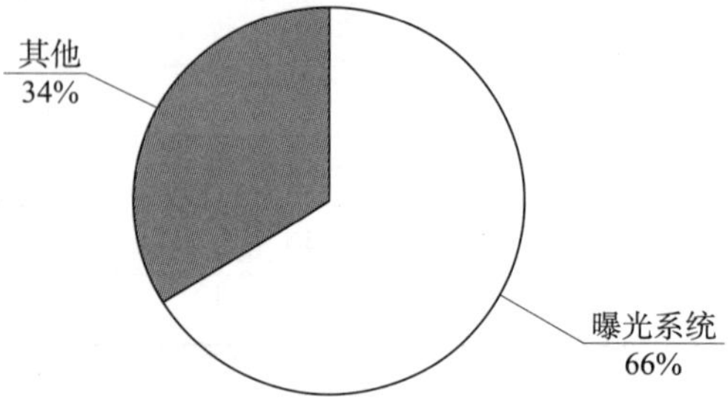

图 3－3－1 曝光系统专利申请量在 EUV 光刻机专利申请量中的占比

曝光系统从结构上可划分为 EUV 光源、投影物镜和照明系统这三个子领域。图 3－3－2示出了曝光系统的各子领域的专利申请量，其中以 EUV 光源和投影物镜的申请量居多。EUV 光源、投影物镜相关专利申请量均比照明系统的相关专利申请量多出一倍。

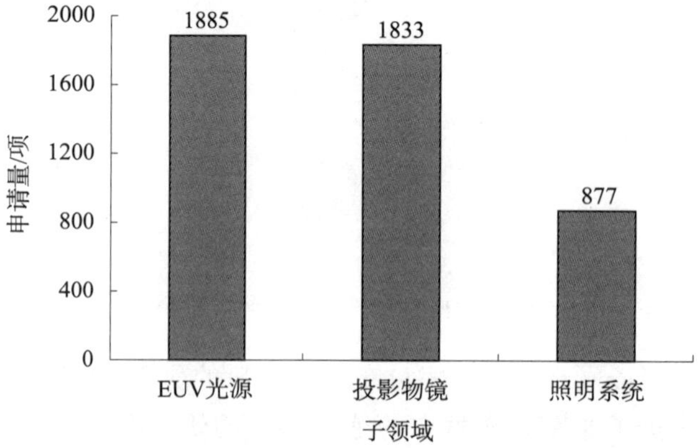

图 3－3－2 曝光系统的各子领域的专利申请量

图 3－3－3 反映的是曝光系统的全球专利申请量的变化趋势。从中可以看出，曝光系统的相关技术发展从20 世纪末开始，在随后的几年发展较快，到2003 年专利申请

量增长达到一个小高峰，之后步入稳定增长期，其间虽然有所波动，但年申请量基本维持在100项左右。

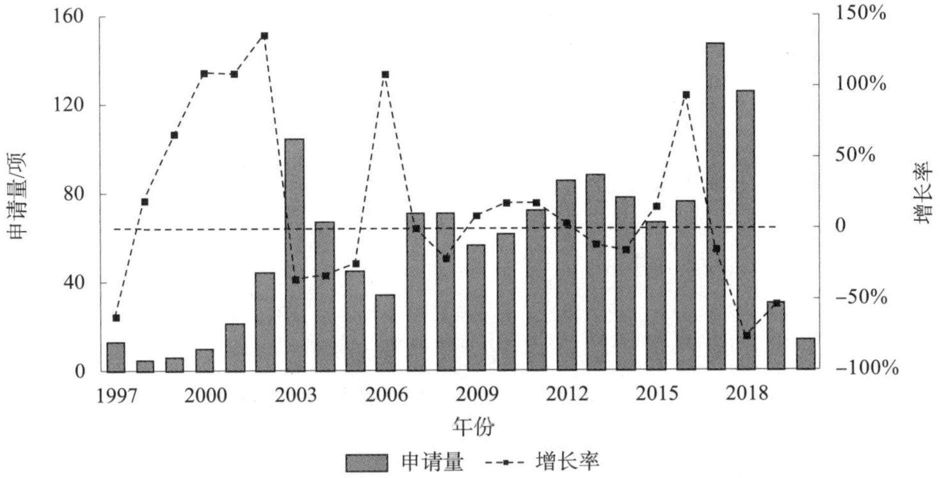

图3-3-3　曝光系统的全球专利申请量变化趋势

如图3-3-4所示，从曝光系统全球专利申请的原创国家/地区分布来看，曝光系统的相关技术主要来源于美国、日本和德国三个国家，这三个国家的原创专利申请总和占到全球全部专利申请量的80%以上，主要归因于这三个国家是跨国巨头（例如ASML和Zeiss）的研发所在地。

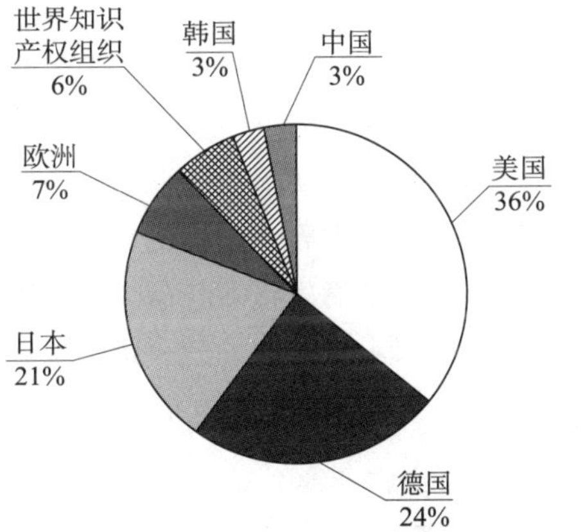

图3-3-4　曝光系统全球专利申请的原创国家/地区分布

图3-3-5反映的是曝光系统的主要全球专利申请人申请量的排名情况，排在前三位的分别为德国的Zeiss、荷兰的ASML以及日本的G公司，这三家公司的专利申请量都超过了400项。其中，Zeiss的专利申请主要集中在投影物镜、照明系统等光学系统方面，ASML的专利申请则在三个子领域都有较多的分布，G公司则在EUV光源上有大量的专利申请。

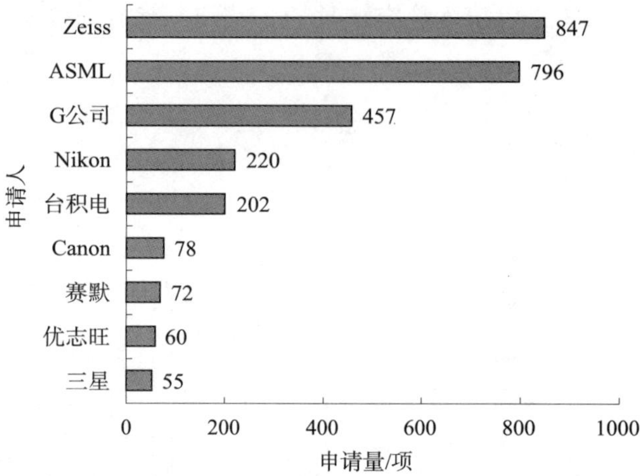

图3－3－5　曝光系统的全球专利申请人申请量的排名

3.3.2　工件台及测量系统

工件台技术全球申请趋势如图3－3－6所示。光刻机工件台在20世纪70年代就有了相关的专利申请，虽然除了不适用于真空的一些特定的工件台系统相关技术（如浸没式工件台）外，大部分工件台系统的相关技术都可以用于EUV光刻机中，但由于EUV光刻机技术在20世纪90年代才真正进入萌芽期，因此，到1995年才有了明确提及可用于EUV光刻机的工件台的专利申请。之后，工件台技术领域的申请量保持了较快速、稳步的增长，到2002年，年申请量已达到近百件。之后，由于ASML推出了TWINSCAN工件台，相关申请量进入了迅猛增长期，2003年更是直线式增长，从2002年的近百项突增至近250项。到2004年虽然申请量增长率大幅下降，但申请量还是超过了250项，达到极值。之后，工件台相关技术再未出现像TWINSCAN工件台这样的革命性技术，申请量大降，但由于2010年前后EUV光刻机的样机出现，磁浮工件台的相关申请量有所增加，工件台专利申请量进入平稳发展期。至2016年前后，工件台相关技术都已较为成熟，更多从细节和相关控制方法方面进行改进，专利申请量逐渐减少，至2017年已减少至60项左右，其后进入新的平稳发展期。

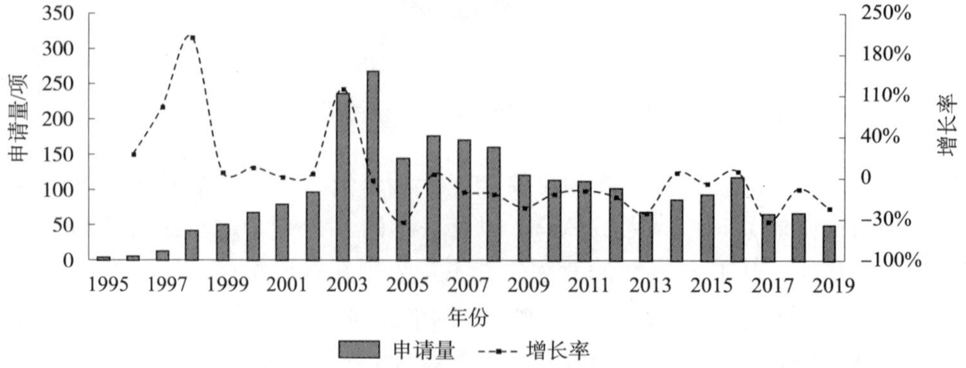

图3－3－6　工件台技术全球申请量变化趋势

测量系统技术全球申请趋势如图3－3－7所示。与工件台技术类似，测量技术伴随着光刻机的发展，在20世纪70年代就有了相关专利申请。虽然除了不适用于真空的一些特定的测量系统相关技术（如需要控制气流环境）外，大部分测量系统的相关技术都可以用于EUV光刻机的测量中，但是，明确提及可用于EUV光刻机的高精度测量技术的相关申请至1995年才有。

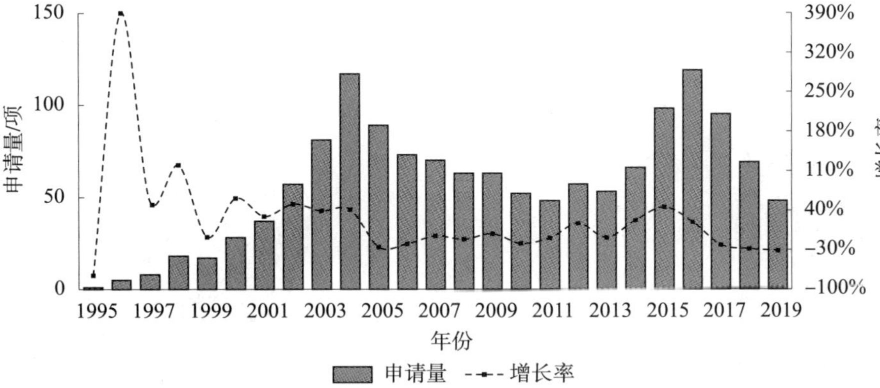

图3－3－7 测量系统技术全球申请量变化趋势

由于光刻机套刻精度与特征尺寸（光刻线宽）密切相关，一般为特征尺寸的1/3，对准测量精度又为光刻机套刻精度的1/5～1/3，随着扫描步进式投影曝光技术的出现和KrF、ArF准分子激光器的使用，光刻线宽不断缩小，对于测量精度也提出了更高的要求。从1995年起，直到2004年，测量技术相关专利数量一直保持较高的增长水平，申请量逐年增多，尤其是ASML推出了TWINSCAN工件台后，有了专门的测量台、测量相关技术，尤其是全场调平技术和长行程的位移测量技术都有了较大改进，测量相关技术的全球申请量在2004年达到第一个高峰，年申请量超过了100项。此后，测量技术相关申请量有一定回落，但整体保持较大申请量。随着2010年概念性EUV光刻机、2016年面向生产制造的EUV光刻机的推出，光刻线宽再次大幅缩小，达到几纳米量级，测量系统的关键技术也有了快速的发展，从测量光（使用普通光束强度的测量、对两种不同偏振态的测量光束强度的测量）的改变、对准标记的革新（普通光栅对准标记、拼接光栅对准标记、光栅衍射对准标记）至对准光源的改进、位移测量用外差干涉仪的结构改进等，相关申请量也从2011年起整体逐渐增加，直到2016年再次突破100项。此后，测量系统相关技术进入了新的瓶颈期，申请量逐渐减少。

工件台技术相关专利申请的原创国家/地区，即首次申请的国家/地区情况如图3－3－8所示。作为EUV LLC联盟的发源地，美国是高端光刻机工件台技术最重要的原创国，一家独大，其作为技术原创国的占比超过了其他国家/地区的总和，达到51%；而日本作为拥有Nikon、Canon两大光刻机厂商的国家，虽然在与ASML高端光刻机的竞争中处于劣势，但并没有完全放弃高端光刻机工件台相关技术的研发，仍在努力追赶，占比达到27%；欧洲作为AMSL的所在地，优先递交欧洲申请并将其作为优先权是一种常用策略，因此，其在工件台相关技术中也占有较重要地位，占比达到

16%。另外，德国、中国、韩国也都在工件台相关技术的研发中占有一席之地。

工件台技术相关专利申请的布局国家/地区，即目标国家/地区，如图3-3-9所示：美国以23%成为最大的专利申请目标国；中国为第二大专利申请目标国，占比为全球总量的22%；日本为第三大专利申请目标国，占比为全球总量的19%；韩国作为三星和海力士等芯片生产商所在国，为第四大专利申请目标国，占比为全球总量的12%。

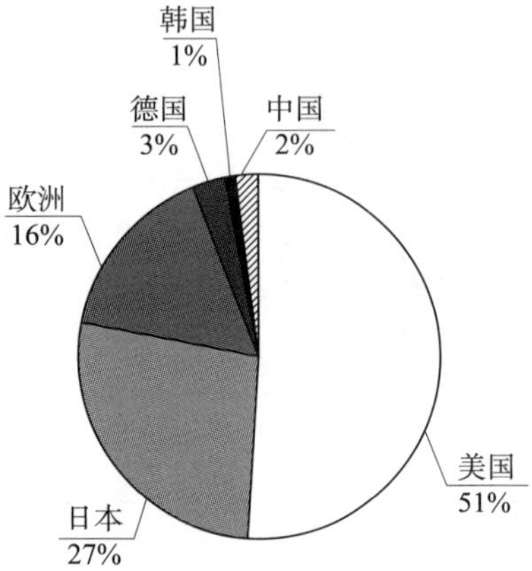

图3-3-8 工件台技术原创专利分布

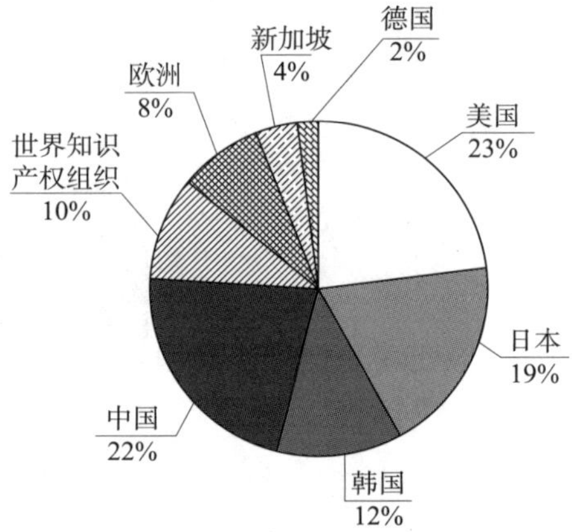

图3-3-9 工件台技术布局专利分布

从主要原创国家/地区的申请趋势而言，如表3-3-1所示，欧洲和美国在2003年前的趋势几乎相同，并没有太大的区别，从量上来看，欧洲还要略多一些，但是，2004~2012年，美国作为原创国的申请量大增，欧洲反而没有了任何原创申请，这可能与ASML加入EUV LLC联盟后将大部分研发中心设立在美国有关（即使在EUV LLC联盟解散后，ASML也依然大力发展美国的研发中心）。但从表中可以看到，这一情况在2014年起有了重大变化，美国的原创申请数量相对较少，而欧洲的原创申请数量较多，且几乎每年都比美国要多，这可能与国际形势和市场变化有关。

日本作为较早从事光刻机生产的国家，在EUV光刻机的相关工件台方面的研究也一直没有停滞，其作为原创国的申请趋势与美国的趋势类似。另外，德国作为欧洲的工业巨头也有一些工件台的相关申请。中国作为后起之秀，在“02专项”后不断攻克光刻机的技术难关，也在高端光刻机的工件台方面有所布局。韩国作为重要的芯片生产地也有少量原创申请。

表3-3-1 工件台原创国家/地区申请趋势

单位：项

国家/地区	1995年	1996年	1997年	1998年	1999年	2000年	2001年	2002年	2003年	2004年	2005年	2006年	2007年	2008年	2009年	2010年	2011年	2012年	2013年	2014年	2015年	2016年	2017年	2018年	2019年
美国		2		4	11	24	16	24	67	171	97	115	123	120	96	92	93	67	35	14	12	30	21	24	10
日本	4	4	11	18	17	32	38	32	79	91	42	50	41	30	19	17	8	26	19	16	18	30	5	6	2
欧洲		1		10	18	10	24	36	86										2	40	44	44	29	20	33
德国				1		2		3	2	2		2	3	7	3	3	7	4	2	4	7	9	6	8	4
韩国			1						1	2	5	8	3	4	2	1			2			1	3	4	1
中国										1						2	6	5	11	3	1	4	2	3	

测量系统技术的原创国家和地区的分布如图3－3－10所示。作为原创国，美国在测量系统技术领域的总申请量虽居于难以撼动的霸主地位，占比达到52%，但欧洲作为原创地区在这一领域占比23%远高于工件台领域的16%。与工件台技术领域类似，在2013年后，美国原创申请量下降较多，与欧洲形成“跷跷板”的形势，此消彼长。

日本在测量系统技术领域的原创申请的变化趋势与工件台领域的变化趋势类似，但原创申请总量的占比却远逊于工件台领域，仅有12%，其占比大部分被欧洲抢夺。另外，由于精密位置测量技术具有应用广泛、移植性好、易于转用的特点，除光刻机外，各种位移、位置测量装置、定位装置中都可能会用到，相对于光刻机的曝光系统，技术门槛比较低；中国、韩国和德国作为原创国在测量系统技术中占比均比在工件台领域要高。

测量系统技术相关专利申请的布局国家/地区，即目标国家/地区，情况如图3－3－11所示：美国以27%成为最大的专利申请目标国；中国为第二大专利申请目标国，占比为全球总量的24%；日本以18%的占比成为目前全球排名第三的专利申请目标国；韩国位居第四位。

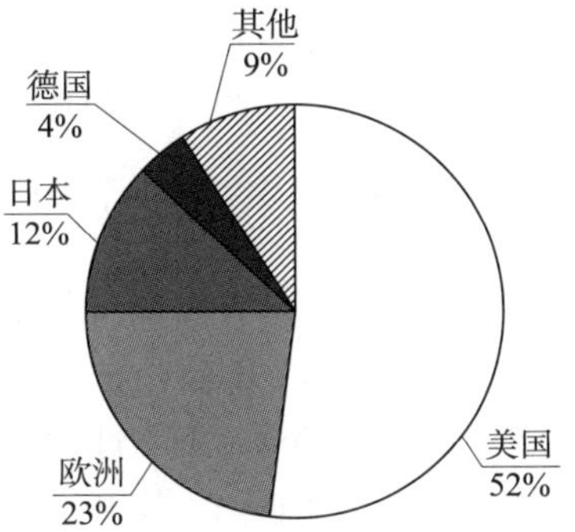

图3－3－10 测量系统技术原创专利分布

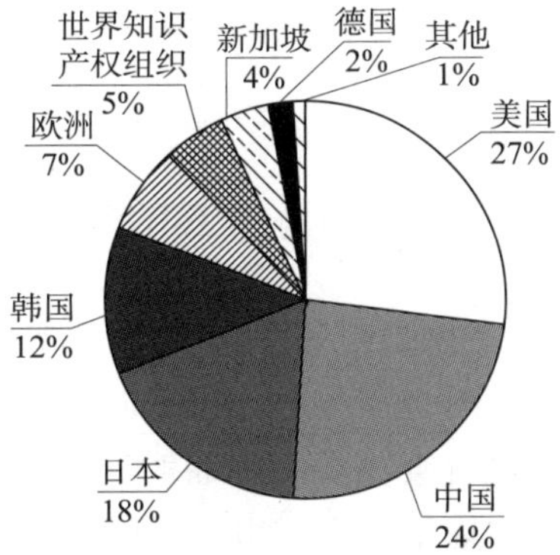

图3－3－11 测量系统技术布局专利分布

如表3－3－2所示，从测量系统的申请趋势看，美国起步最早，随后欧洲和日本才开始这方面的研究，但之后的发展情况各不相同。美国作为专利原创地持续保持着较高的年均申请量，而欧洲的原创专利在2004～2013年基本处于停滞期，这主要是受ASML的申请策略的影响（将专利申请主要放在美国），但从2014年起申请量增长较快，目前与美国的年申请量基本相当。而日本在原创专利方面近几年减少较明显，增长乏力。

表3－3－2 测量系统技术原创国家/地区专利申请趋势 单位：项

国家/地区	1995年	1996年	1997年	1998年	1999年	2000年	2001年	2002年	2003年	2004年	2005年	2006年	2007年	2008年	2009年	2010年	2011年	2012年	2013年	2014年	2015年	2016年	2017年	2018年	2019年
美国	1		3	4	7	8	13	13	27	95	69	51	53	47	53	42	35	41	30	20	31	44	31	21	15
欧洲		2		1	3	11	10	26	38		1						1		1	27	49	52	53	41	27
日本		3	5	12	7	7	12	10	14	21	15	15	9	4	2		2	8	9	5	6	8	2	1	
德国						1	2	6	2		2	1		7	2	4	8	3	4	1	5	7	3	5	
中国											1	2	7	3	3	2	2	4	7	6	4	5	3		5
韩国						1		1		1	1	4	1	2	3	3			1	3		1	1	1	1

工件台技术领域的主要申请人排名如图3－3－12所示。作为目前全球光刻机的市场霸主，ASML申请的工件台技术相关的专利数量在全球范围内遥遥领先，有1321项之多，尤其是在TWINSCAN工件台推出前后，相关申请量大增，将在浸没式光刻机推出前市场占有率最高的Nikon远远甩在后面。但Nikon、Canon作为老牌的光刻机制造商相对于其他公司仍保有较明显的优势，分别有626项和159项相关申请。

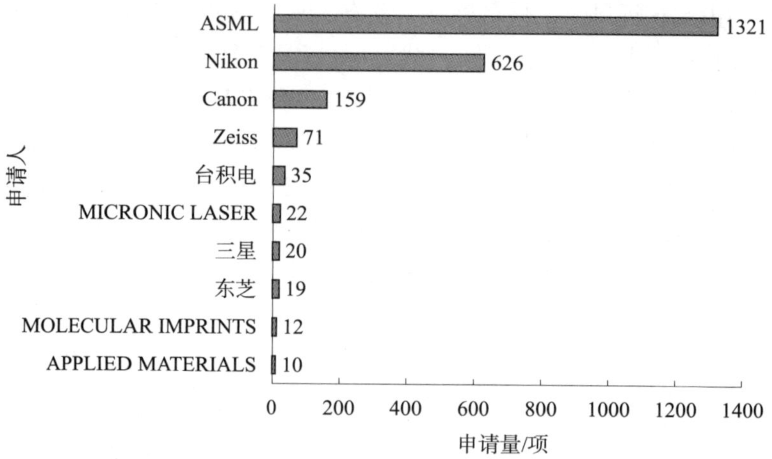

图3－3－12 工件台技术主要申请人专利申请量排名

由于工件台包括掩膜台和晶片台，二者之间是投影透镜，工件台上一些结构的实现或连接有时也需要通过投影透镜或连接投影透镜的支架实现，并且，在工件台的控制系统中也常会需要一些辐射光的相关参数作为基础，因此，Zeiss在工件台技术领域中也有较多申请。台积电、三星、东芝作为最重要的芯片生产商，也提出了一些工件台适应性改进的专利申请。MICRONIC LASER作为全球最重要的光掩膜设备供应商之一，对工件台（尤其是掩膜台）的改进研究也申请了一定数量的专利。MOLECULAR IMPRINTS是知名的光刻机生产商之一，其纳米压印光刻机占有重要的市场份额，在高端光刻机的工件台领域也曾在2002年作出尝试，但其后选择了纳米压印这一光刻路线，未在EUV光刻机领域继续研发。APPLIED MATERALS也是知名的半导体制造商之一，其在工件台领域也有少量申请。

前十名中仅有一个中国申请人，说明在这一个领域国内外的差距巨大。

测量系统技术领域的申请人排名如图3－3－13所示。唯一站在第一梯队仍是ASML，有880项之多，远多于其他七位申请人之和。第二梯队的Nikon的申请量为118项，仅为ASML的不到1/7。第三梯队的台积电、Canon和Zeiss均有五六十项相关申请。第四梯队的申请量较小。三星作为全球最重要的芯片生产商之一，在测量系统领域也有18项申请。而上海微电子为我国攻克光刻技术的排头兵，是目前世界上光刻领域最耀眼的后起之秀，其在中、低端光刻机的市场具有较高的认可度，但对高端光刻机仍未能完成研发；在高端光刻机的测量系统技术领域共有20项申请，排名仅在第六位，这与其在整个光刻机的测量系统技术中有三四百项申请的差距巨大。一方面，这与上海微电子仍在努力交付 28nm 的光刻机还没有能力制造高端的 EUV 光刻机有关；另一方面也与申请文件的撰写策略未将“EUV”“极紫外”“13.5nm”“7nm”等类似的字眼写入全文有关。反观 ASML 的申请文件，除了明显不适用于 EUV 光刻机的测量系统，几乎每篇都要提及可用于 EUV/极紫外甚至压印光刻、数字光刻等其他光刻系统。

从图 3-3-13 中可看出，在前八名的申请人中，我国已占据三位。虽然处于排名较后的位置，但是，对于 2002 年才成立的上海微电子而言，在国际形势恶化、技术封锁严重的情况下，目前取得的成绩也是值得肯定的。

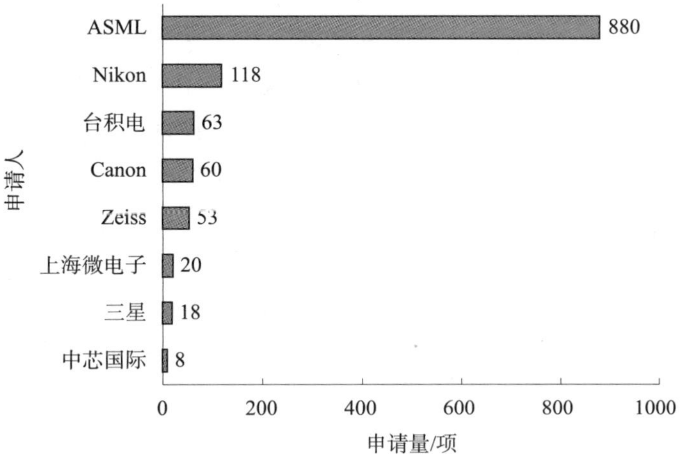

图 3-3-13 测量系统技术主要申请人专利申请量排名

3.3.3 环境与真空

环境与真空技术全球专利申请趋势如图 3-3-14 所示。20 世纪 90 年代，伴随着计算机技术、自动控制技术快速发展，EUV 光刻机技术的专利申请进入了萌芽期，环境与真空技术的全球第一件专利申请出现在 1994 年。之后近 30 年，环境与真空技术领域的申请量保持了稳步的增长，从 21 世纪初开始，全球年申请量稳定在 100 项左右。

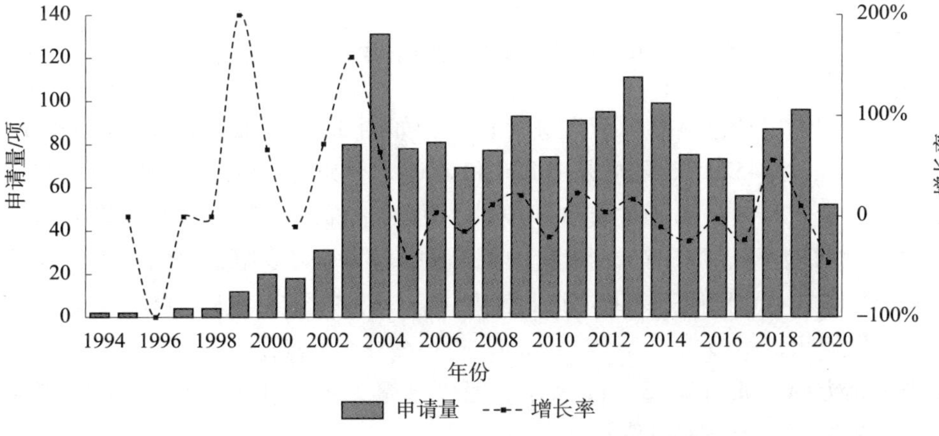

图 3-3-14 环境与真空领域全球申请量变化趋势

1997年英特尔和美国能源部共同发起成立EUV LLC联盟，汇聚了美国顶级的研究资源和芯片巨头，包括劳伦斯利弗莫尔实验室、劳伦斯伯克利实验室、桑迪亚国家实验室三大国家实验室，联合摩托罗拉、AMD等企业，集中数百位顶尖科学家，共同研究EUV光刻机技术。之后环境与真空技术领域的申请量在1999年迎来了快速增长期，申请量不断增加，到2004年达到第一个峰值131项。2005年摩尔定律的延续再度陷入停滞，ASML仍坚持EUV光刻机的研发，寻求政府经费帮助，吸收下游制造商投资，联合研究所等合作研发，最终于2010年成功推出第一台EUV光刻机。在经历了2005～2012年持续较低水平后，2013年该领域全球申请量再次到达一个新的峰值。

如图3－3－15所示，在国内，最早的环境与真空技术领域的专利申请出现在1998年，然后，呈现稳步增长态势。进入21世纪以来，我国在“02专项”的“十三五”规划中将突破28nm工艺节点的浸没式光刻机及核心组件列入战略目标，汇集顶级科研人才开启“光刻机双工件台系统样机研发”项目、“超分辨光刻装备研制”项目、“极紫外光刻关键技术研究”项目，现均取得重大突破。因此申请量也有了飞速的增长，国家对光刻机领域的重视和投入都达到了前所未有的程度，同时，各地也纷纷出台了配套的专利鼓励政策，企业不断加大科研投入，努力提高光刻机装备的技术水平，我国光刻机行业也迎来了快速增长期。相应地，2017年起，我国的专利申请量迎来了快速增长期，到2019年申请量达到43项。

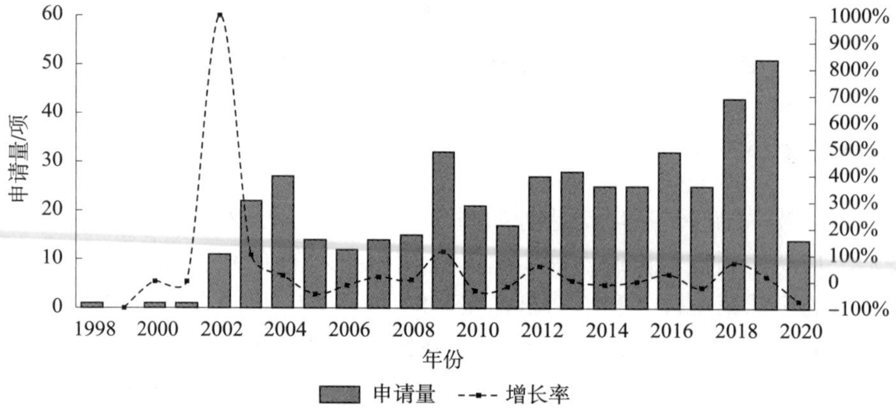

图3－3－15　环境与真空领域中国申请量变化趋势

按全球专利的申请总量对申请人进行排序，如图3－3－16，全球创新主体中位居第一的是ASML，共452项，随后是Nikon和Zeiss，分别是260件和230项。前三名的申请量均超过了200项，属于主要创新主体，为第一梯队。从第四名到第七名，均是100项左右的申请数量，属于第二梯队。申请量排名第八名到第十名的创新主体的申请量骤减到20多项，属于第三梯队。前十名中仅有一个中国申请人，可见在这一个领域国内外的差距巨大。

国内申请方面，如图3－3－17所示，第一名毫无悬念地仍然是ASML，申请量达到203件，遥遥领先于其他申请人。

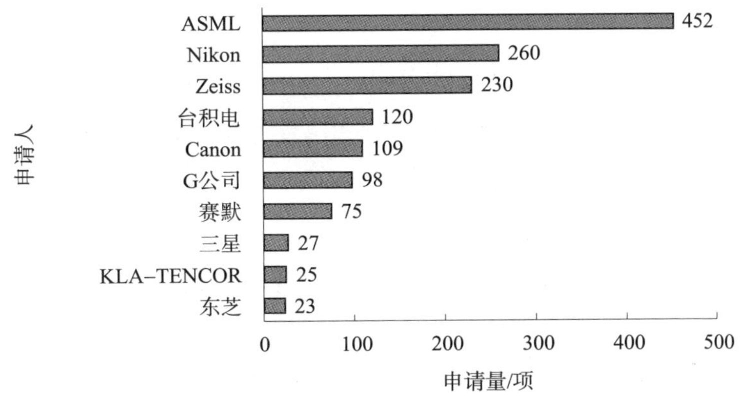

图3-3-16　环境与真空领域主要全球专利申请量申请人排名

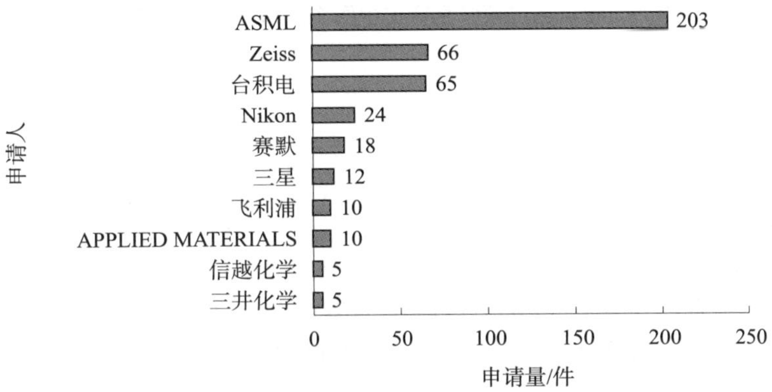

图3-3-17　环境与真空领域主要中国专利申请量申请人排名

环境与真空技术领域的专利申请原创国家/地区，即首次申请的国家/地区情况如图3-3-18所示。从各个国家/地区的申请量占比来看，环境与真空领域的研究主要集中在美国、欧洲和日本，德国占比也比较突出，上述国家/地区的专利申请量之和占据了全球申请量总量的94%。其中美国是最活跃的国家，在该领域的优势较为明显。

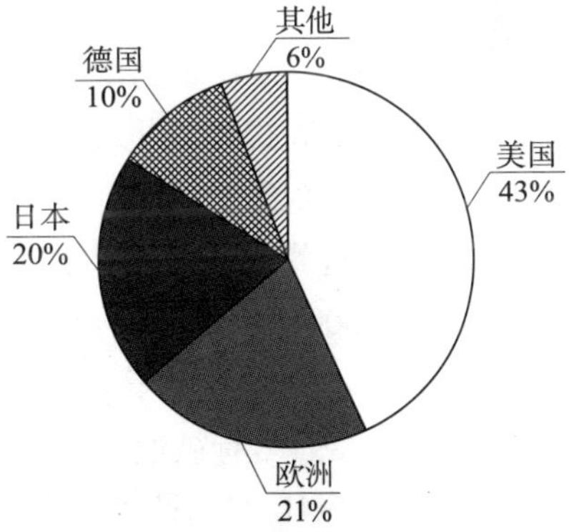

图3-3-18　环境与真空领域原创专利分布

环境与真空的技术分支的技术构成如图3-3-19所示，技术分支主要涉及真空环境系统、温度控制系统、整体减震系统和污染控制系统这四个模块。

全球专利申请中真空环境系统、温度控制系统、整体减震系统这三个分支的专利分布相对比较平均，总量在200~400项，而污染洁净系统总量最大，达到1022项。对于国内专利申请，各个分支中整体减震系统申请量最小。污染控制系统作为光刻机最关键的技术，国内同全球一样申请量也是四个分支中数量最多的。

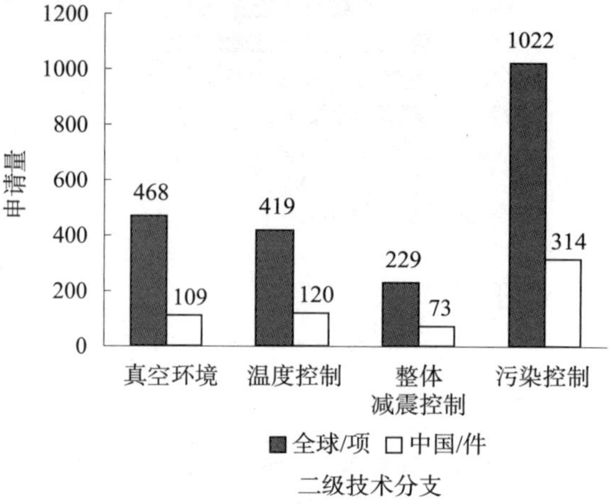

图3-3-19 环境与真空领域全球与中国各二级技术分支专利申请量对比

3.4 ASML专利分析

3.4.1 ASML成长经历

ASML是一家专注于提供整体光刻解决方案的供应商，为其客户提供工具——硬件、软件和服务——来创建定义芯片上电子电路的模式。

1984年，飞利浦与芯片制造商ASMI合资成立ASML，专门从事光刻机设备的开发。成立之初，ASML资金匮乏，但是其不断坚持创新与实践，成立当年推出了PAS2000步进式光刻机。公司迅速发展，得到飞利浦和ASMI的追加投资，1985年已拥有100多名员工，并搬到了新建的办公室和工厂；1986年，公司采用新的对中技术推出PAS2500步进式光刻机，开始在市场上建立起一定的名气，同年与镜片制造商Zeiss建立合作伙伴关系。

1988年随着飞利浦在中国台湾地区建立合资铸造厂，ASML开始在亚洲市场开拓道路，PAS5500光刻机成功上市，取得巨大成功带来充裕资金。

1991年，公司推出了PAS5500光刻机，拥有业界领先的生产力和分辨率，取得巨大成功，今天仍然有被使用，由此ASML开始走向成熟。

1995，ASML在纳斯达克和阿姆斯特丹交易所上市，获得充裕的资金，为ASML的发展奠定了物质基础；并且ASML收购了飞利浦持有的股份，成为完全独立的公司；并成功研制双工作台、浸没式TWINSCANXT、TWINSCANNXT系列，一举奠定光刻机领域的霸主地位。

1997年英特尔和美国能源部共同发起成立EUV LLC联盟，汇聚了美国顶级的研究资源和芯片巨头，包括劳伦斯利弗莫尔实验室、劳伦斯伯克利实验室、桑迪亚国家实验室三大国家实验室，集中了数百位顶尖科学家，共同研究EUV光刻技术。英特尔邀请ASML和Nikon一起加入该组织。最初美国政府担心最前沿的技术落入外国公司手中，反对ASML和Nikon加入，最后ASML成功加入，能够享受其基础研究成果，Nikon却没能加入。1997年，ASML加入EUV LLC联盟能够享受其研究成果，这大大加快了其EUV光刻技术的研发速度。2005年前后，摩尔定律的延续再度陷入停滞。EUV光刻技术虽被认为是制程突破10nm的关键，但技术难度和投资金额极高，Nikon和Canon几近放弃。在此情况下，ASML仍坚持投入研发，并积极向外寻求研发支持。在政府经费方面，ASML从欧盟"第六框架"研发计划中获得2325万欧元的研发资助；在合作伙伴方面，ASML提出"客户联合投资专案"，用股权向英特尔、台积电、三星等客户筹得53亿欧元研发资金，并向股东提供设备的优先使用权；在合作研发方面，联合3所大学、10个研究所、15个欧洲公司共同开展"More Moore"项目，大大推进了EUV技术的研发进程。

21世纪头10年是ASML腾飞的十年。2001年，ASML收购硅谷集团；同年，ASML推出了双扫描系统，利用"双级"技术，在测量下一个晶圆的同时，暴露出一个晶圆，从而使性能和生产率最大化。

2003年，ASML成功研制出世界上第一台浸入式光刻机"TWINSCANAT：1150i"；接着2006年推出第一台沉浸式批量生产光刻机"TWINSCANXT：1700i"；2007年又成功研发出第一台193nm浸入式系统"TWINSCANXT：1900i"。具有双工作台、浸没式光刻技术的TWINSCANXT、TWINSCANNXT系列的成功研制，奠定了ASML在光刻机领域的霸主地位，Nikon、Canon市场份额被急剧压缩。2007年，ASML收购了美国Brion公司，这是一家专门从事计算光刻集成电路的公司，成为ASML整体光刻产品战略的基石。

两年后的2009年，据Bloomberg数据显示，ASML的营业额已达22.25亿美元，已经占据70%市场份额，成功登上光刻机领域的霸主之位。ASML迈向"整体光刻"时代，外延并购与整合助力新征程。

2010年，ASML推出第一台EUV光刻工具原型（NXE：3100），开启光刻新时代，并且成为EUV光刻机领域的独家垄断者，市占率为100%。2013年，ASML收购了美国光源制造商赛默，进一步打通了EUV光刻机的生产产业链，并于同年推出第二款EUV光刻机"NXE：3300B"，加速了下一代光刻技术的发展。

2016年，ASML收购了领先的电子束测量工具公司HMI，进一步增强了整体光刻产品组合。2017年，ASML收购了Zeiss 24.9%的间接股权，促进了EUV系统的进一步发展，同年"TWINSCAN NXE：3400B"机台正式出货。

2019年，ASML收购了竞争对手Mapper公司的知识产权资产。通过一系列的收购与整合，ASML逐步走向整体光刻时代。创新是ASML的生命线，是推动其业务发展的引擎。ASML的创新不是孤立的创新，而是坚持"开放式创新"理念。ASML通过资本市场打通了产业上下游的利益链，与供应商和客户建立了密切的合作；在政府协助下与外部技术合作伙伴、研究机构、学校展开密切合作，建立开放研究网络，合理共享技术与成果，大大加快了创新速度，快速形成技术壁垒。

自此，ASML成为全球唯一一家能够设计和制造EUV光刻机设备的厂商，成为超高端市场的独家垄断者；目前拥有23247名员工，办公室遍布全球16个国家60个城市。

3.4.2 ASML专利申请与布局

从ASML的全球申请量变化趋势看，如图3-4-1所示，其申请量主要经历了两个高峰。一个出现在2004年前后，另一个出现在2015~2017年。前一个高峰出现时，当时的产品还是浸没式光刻机占主流，ASML在工件台方面的专利布局较多；这些工件台方面的专利技术，例如双工件台可以适用于目前的EUV光刻机的需要。随着进入2010年代，高端光刻机的主流技术从浸没式光刻机逐渐过渡到EUV光源光刻机，此时，ASML的专利技术已经不仅局限于其中的某些部件，其在光刻机的光源、工件台以及环境等方面都有专利布局，并且在2015~2017年到达一个高峰。从专利申请增长的势头看，2004年后，每年的专利申请增长量是较平缓的，后来有所下降，但并不明显。

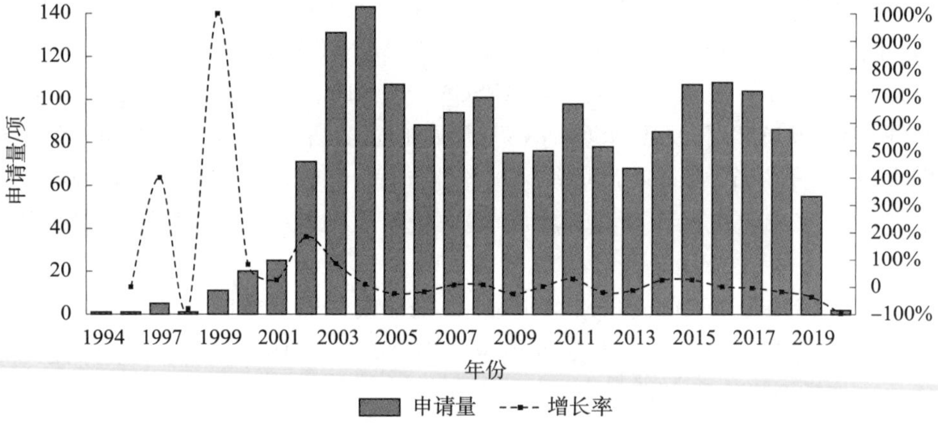

图3-4-1 ASML全球申请量变化趋势

如图3-4-2所示，ASML专利技术构成中以工件台及测量系统和曝光系统专利为主。曝光系统和工件台及测量系统的专利占到总申请的79%，这也反映出曝光系统和工件台及测量系统在该领域的重要性。EUV光刻技术中部分工件台及测量系统专利技术是与浸没式光刻机所使用的工件台及测量系统技术通用的，因此在工件台及测量系统领域的技术积累时间较曝光系统更长。曝光系统的专利技术只与EUV光源相配套，而2010年代起EUV光刻技术逐渐兴起，因此ASML在这一领域的专利积累速度更快，技术创新与迭代更快。

如图3-4-3和图3-4-4所示，ASML作为跨国公司，约2/3技术来源于美国，约1/3技术来源于欧洲；这也体现出作为全球跨国企业，ASML技术团队来源的多样性。来源于美国的技术多与EUV光源相关。其中，ASML在2004~2012年原创专利基本只来源于美国。

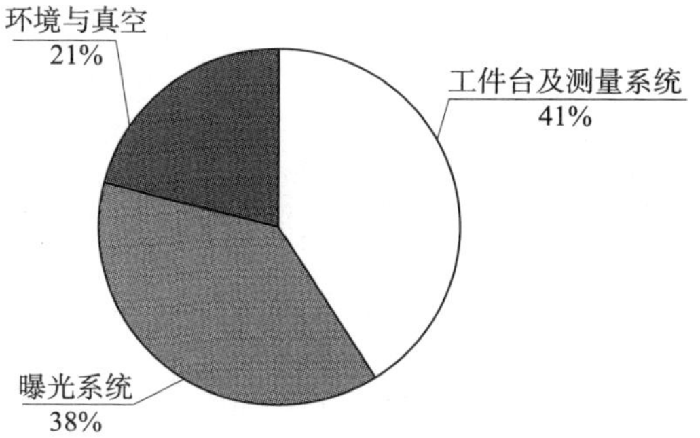

图3-4-2 ASML专利技术构成

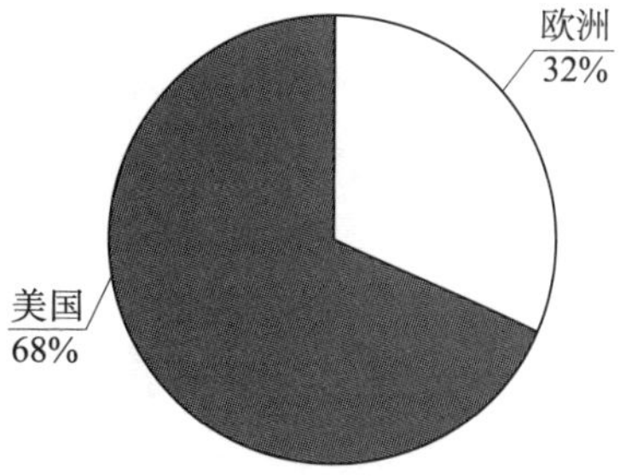

图3-4-3 ASML专利技术来源占比

图3-4-4 ASML专利技术来源随年变化趋势

图3-4-5、图3-4-6和图3-4-7分别展示了ASML在中国、美国和欧洲的布局情况。ASML在中国的专利布局经历2003年高峰后，趋于平稳，近年处于稳定上升趋势。但即便是在2003年，其布局量在ASML的总体专利布局中并不高。

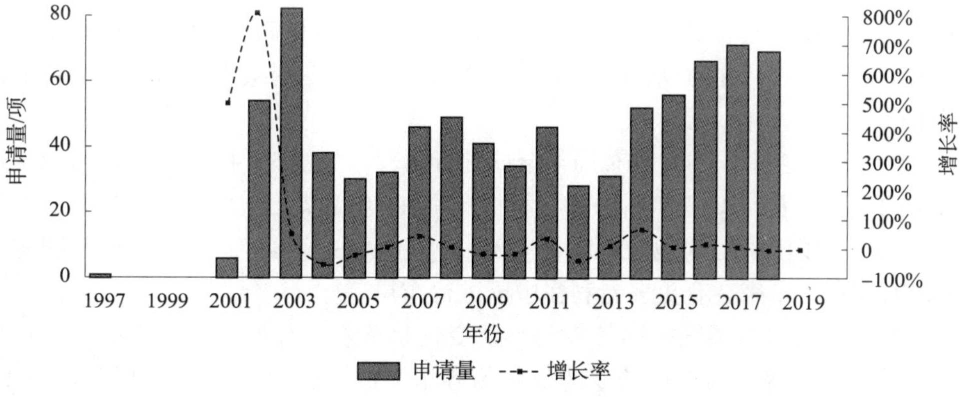

图3-4-5 ASML在中国的专利布局

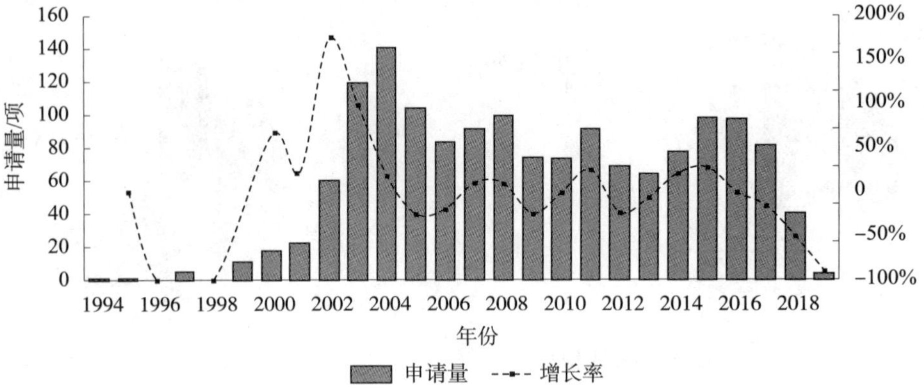

图3-4-6　ASML在美国的布局

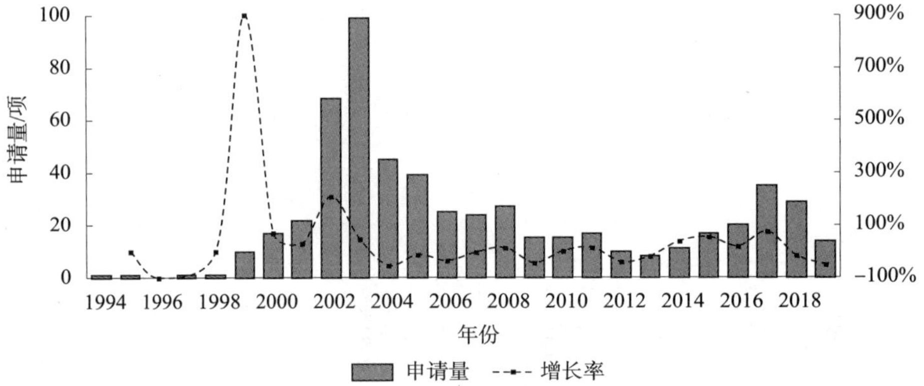

图3-4-7　ASML在欧洲的布局

ASML在美国的专利布局量最大，这反映出美国是ASML最看重的专利布局地。这一方面与美国本身是ASML专利重要的产出地有关，另一方面，美国也是重要的芯片消费市场，在这一地区形成技术垄断有利于巩固其市场的垄断地位。

与美国布局格局相比，ASML在欧洲的专利布局有很大的不同。在2003年达到布局高峰后，专利布局量有明显的下降，即使是近几年有所提高，也没达到2003年顶峰一半的水平。这反映出在2003年后ASML在欧洲的原创专利减少，同时也反映了市场地位的下降。

通过将ASML在中国的专利布局与全球进行比较，如图3-4-8所示。可以发现从布局市场的重要性看，2013年后中国专利占比都在50%以上，并且比例基本上逐年上升。这体现出了中国市场的地位确实在提高，特别是在近几年，这一占比逐渐升高的趋势并没有变化，未来会有更多专利在中国进行布局。

而从ASML在曝光系统方面的专利申请变化趋势看，如图3-4-9所示，其经历了两个申请量的高峰，与总申请量的变化趋势相类似，分别出现在2004年和2011年前后。

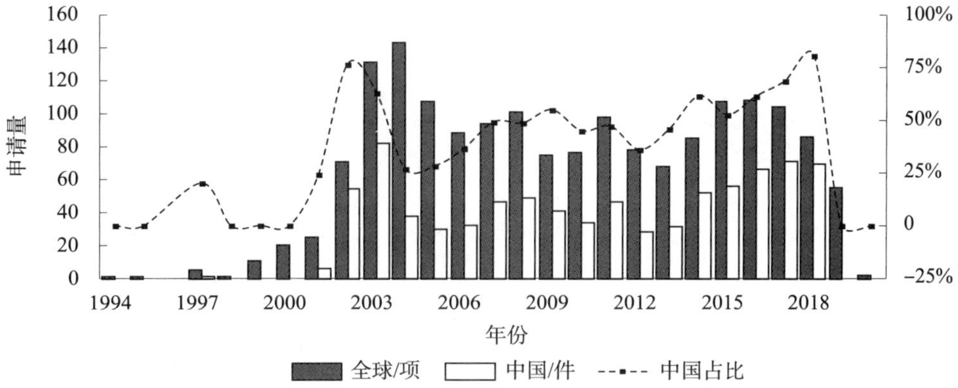

图3-4-8　ASML在中国的专利与全球布局专利的比较

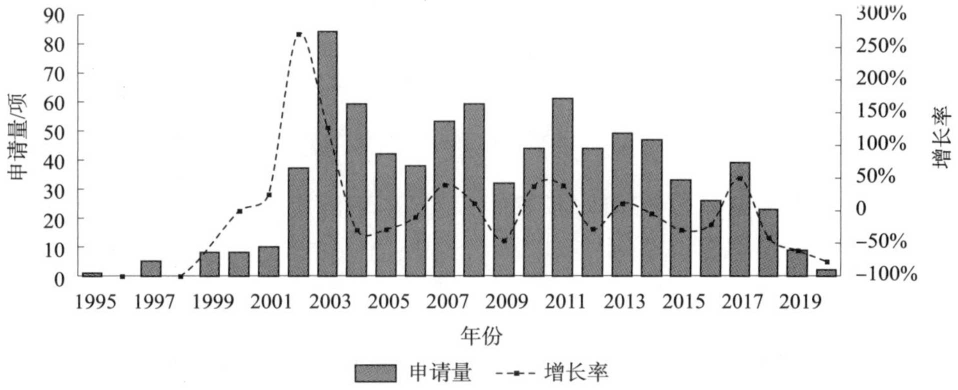

图3-4-9　ASML曝光系统全球申请量变化趋势

3.4.3　ASML科技文献信息分析

ASML在光刻机技术领域除了大量的专利储备之外，也发表了较多的科技文献，其在理论研究方面也走在前列。对ASML发表的EUV光刻相关文章进行统计发现：1999年至今发表的文章数共有406篇。具体分布如图3-4-10所示。

从每年发表的文献数量和年均施引的文献数量看，2019年是一个重要的年份。在这一年发表的文献数以及这些文献的施引量都是最高的。与该年的发表文章量相比，这一年无论是在ASML的专利总申请量，还是在重要的曝光系统领域的专利申请量上，这一年与前几年相比并没有显著的变化。因此可以说明，确实ASML在一些技术上可能会选择以文章的形式发表，但不申请专利；当然也有可能是因为申请专利的实机还不成熟。另外，也存在与专利申请趋势相吻合的年份。比如在2004年、2010年前后，发表文章后这些文章的施引量都比较高，相应的这几年的专利申请量也有小高峰。在专利的小高峰前可能会出现一个非专利文献年均施引量的小高峰。分析其背后的原因，可能是科技文献的前瞻性更强，在文献中提到的技术，是对未来的预测，可能离实践还有一定的距离，还需要有相关的技术上的实现及创新，因此会在未来的1～2年内出现专利增长的小高峰。从图3-4-10看出，2019年、2020年的年均施引量都保持在高位，可能未来会迎来一个专利申请的小高峰。

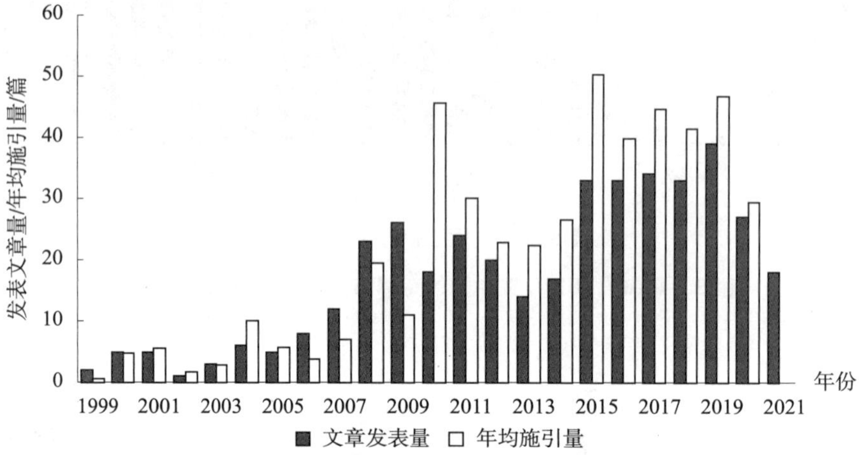

图3-4-10　ASML发表的EUV光刻相关文章

表3-4-1是对ASML的2017～2021年活跃作者的文献发表统计情况；ASML的文献作者多与其他机构如大学等联合申请，形成一个个的研究团队。这些研究团队中的"Mark Van de Kerkhof"以及"Joost Bekaert"发表的文章数最多。

表3-4-1　ASML的2017～2021年活跃作者文献发表情况　　单位：篇

第一作者	2017年	2018年	2019年	2020年	2021年	总计
Mark Van de Kerkhof	1	1	2	4	2	10
Joost Bekaert	1	2	4	—	2	9
Paolo Ansuinelli	—	—	2	2	—	4
lgor V. Fomenkov	2	1	1	—	—	4
Eric Ma	—	2	1	1		4
B. Platier	—	—	1	3	—	4
Jan van Schoot	3	—	—	1	—	4
Adam Lyons	1	—	—	1	1	3
Mark J. Maslow	1	—	1	1	—	3
Hazem Mesilhy	—	—	1	1	1	3
Zuhal Tasdemir	1	2	—	—	—	3

表3-4-2和表3-4-3给出了"Mark Van de Kerkhof"团队和"Joost Bekaert"团队近五年的文献发表和引用情况。其中"Mark Van de Kerkhof"团队在2017年和

2019年都有在其研究领域发表重要的文章，而“Joost Bekaert”团队关注光刻用掩膜版的保护板的研究，2018年和2019年的相关研究成果在该领域中影响较大。

表3-4-2 活跃作者Mark Van de Kerkhof团队文献发表和引用情况

年份	年均施引量/篇	发表文献量/篇
2017	4.8	1
2018	—	1
2019	2.66	2
2020	3	4
2021	—	2

表3-4-3 活跃作者Joost Bekaert团队文献发表和引用情况

年份	年均施引量/篇	发表文献量/篇
2017	2.6	1
2018	8.25	2
2019	13	4
2020	—	0
2021	—	2

3.5 中国申请人专利分析

3.5.1 专利申请趋势分析

从图3-5-1可以看出，我国高端光刻机的研究从2000年开始萌芽，这与1971年全球最早的高端光刻机萌芽时间相差近30年，但高端光刻机进入我国的申请最早是在1997年，这说明我国申请人的觉醒还是较快的。我国申请人从2000年起加紧了布局，尤其是在“02专项”后，高端光刻机的发展开始起步，并在2010年后逐步步入快车道，申请量逐年快速增长，到2013年年申请量达到了28项。之后，我国申请进入遇阻、突破、遇阻、突破的震荡期，持续至今。

由于高端光刻机集合了光学、流体力学、高分子物理与化学、表面物理与化学、精密仪器、自动控制等多项尖端技术，因此，我国高端光刻机的主要申请人为中国科学院所属各研究所、高校和上海微电子等少量企业申请人。尤其是中国科学院，在排名靠前的申请人中，中国科学院下属单位独占5席，申请量占比接近1/3，其中，又以中国科学院光电技术研究所（以下简称“光电所”）和上海光机所最为突出，分别有24项和16项申请，仅次于光刻机供应商上海微电子和北京理工大学。中国科学院微电子研究所（以下简称“微电子所”）和长春光机所也都榜上有名。

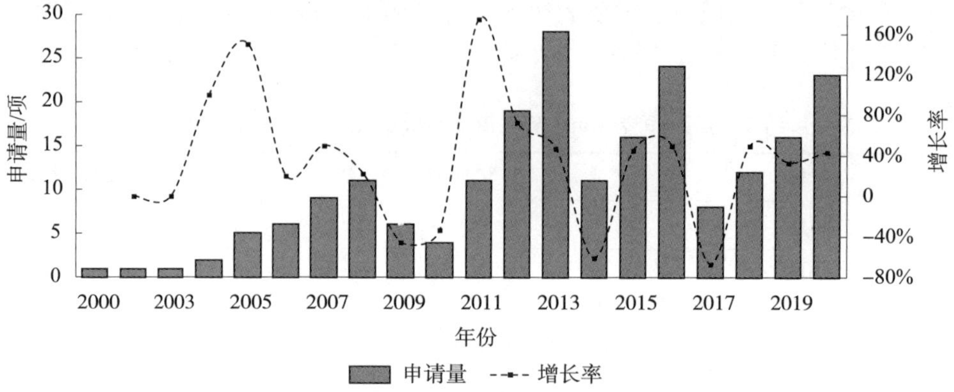

图3-5-1 中国申请人高端光刻机相关申请趋势

3.5.2 申请人构成分析

如图3-5-2所示，中国申请人在高端光刻机相关领域申请量都不大。其中，上海微电子独领风骚，申请量占比1/4。上海微电子作为我国攻克高端光刻技术的排头兵，是目前世界上光刻领域最耀眼的后起之秀，其自2002年成立之日起就重视技术创新和知识产权保护。从其产品来看，到2016年，上海微电子已经量产90nm、110nm和280nm三种光刻机，在中低端市场具有较高的认可度。其计划于2021~2022年交付首台国产的28nm浸没式光刻机，有望开发中端市场。但是，其在高端光刻机方面仍然只是刚刚起步，甚至是准备阶段。因此，虽然其在国内申请人中排名首位，却仍然只有56项申请，这与其在整个光刻机领域中1400项左右的申请量呈现出巨大的落差。一方面，这是因为我国申请人在撰写申请文件时，仅对发明的核心内容进行描述，轻易不对整机进行简单介绍，也不常对应用场景进行扩展，而如ASML等国外申请人通常会在说明书中提及类似“该辐射源可为DUV光源、EUV光源等”的描述；我国申请人可

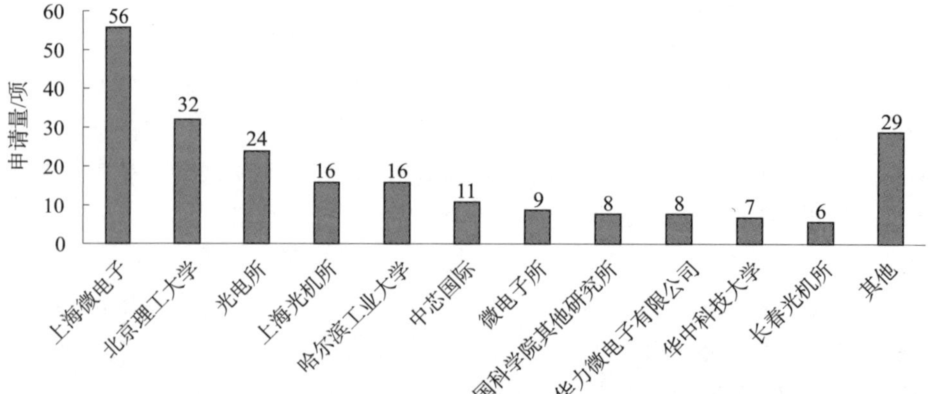

图3-5-2 中国申请人高端光刻机专利申请量情况

在申请文件的撰写方面向国外申请人学习。另一方面，这也说明，我国想要在高端光刻机方面取得长足的进步，仍需要付出巨大的努力。

北京理工大学紧随上海微电子之后，有32项申请；中国科学院系统中的光电所、上海光机所、微电子所、长春光机所以及中国科学院的其他研究所也都榜上有名，虽然以每个所来看量都不大，但作为我国最顶尖的科研机构，中国科学院整体在高端光刻机上的申请量占比很大。另外，作为我国的著名学府之一，哈尔滨工业大学也在高端光刻机领域占有一席之地，申请量位居第五；中芯国际作为我国重要的芯片生产商，相关申请量排名第六。

3.5.3 申请人的各技术分支申请分布

中国申请人高端光刻机领域的各技术分支申请分布情况如图3－5－3（见文前彩色插图第1页）所示。

上海微电子在高端光刻机上的主攻方向是测量系统，有20项申请，另外，其在工件台、投影物镜以及环境与真空、EUV光源、照明系统以及其他各个领域均有申请，这与其整机供应商的定位是十分匹配的。

从中国科学院各所的研究方向可以看出，光电所在各分支相对比较均匀，在测量系统、投影物镜和其他分支有较均衡的申请量；上海光机所侧重于投影物镜和EUV光源，即对整个曝光系统的研究较为深入，在其他方面也有所研究，但在测量系统、工件台、环境与真空和照明系统中没有相关申请；而微电子所测重于测量系统和环境与真空方面的研究；长春光机所对投影物镜的研究较多；中国科学院的其他研究所对环境与真空的研究较为重视。

北京理工大学对投影物镜的研究非常深入，可称为一枝独秀，在这一个分支中申请量就达到18项，这也是北京理工大学在申请人排名中能得到第二名的原因。另外，北京理工大学在照明系统方面也有一定研究，有4项申请。同为高校申请人的哈尔滨工业大学也名列前茅，其对EUV光源的研究非常深入，有13项申请，这也使得哈尔滨工业大学在其他领域几乎没有申请的情况下依然能够进入申请人排名前十位；类似地，华中科技大学的主攻方向也是EUV光源。

中芯国际最重视的方向与上海微电子相同，也是测量系统。这一方面是由于芯片制造过程中需要不断进行位移测量、晶片表面形貌测量和套刻对准，另一方面也是由于整个测量系统最主要的基础是精密位置测量技术，而精密位置测量技术具有应用广泛、移植性好、易于转用的特点，除光刻机外，各种位移、位置测量装置、定位装置中都可能会用到，相对于光刻机的曝光系统，技术门槛比较低，不少芯片制造商也有能力去提升测量系统相关技术。

3.5.4 重要申请人分析

以下，对中国的几个重要申请人的相关技术状况作简单的介绍。

上海微电子是我国高端光刻机相关技术的最重要的申请人，其在各分支中的申请量如图3－5－4所示。

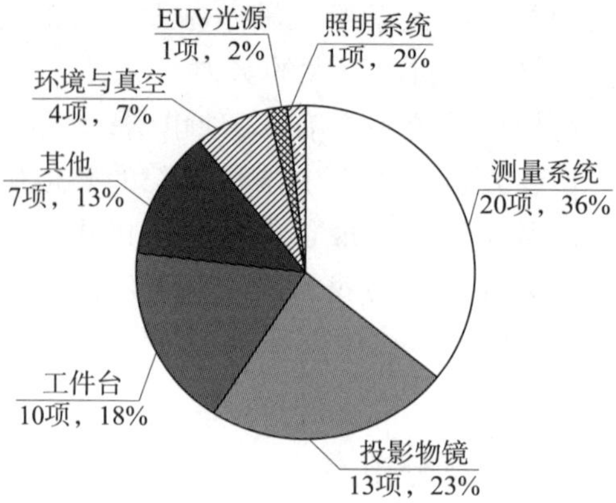

图3－5－4　上海微电子各分支的申请量

从图3－5－4中可以看出，上海微电子的主要关注点在于测量系统，其中，又尤以对准技术居多，涉及对准技术的多个方面，如对准标记（如，CN101149564A：采用包含多组不同周期的光栅的多周期光栅结构）、对准的基础原理（如，CN101135860A：采用相位探测和幅值探测相结合的原理，粗对准采用幅值探测技术，基于多周期光栅标记成像，同时探测多周期光栅标记的多组光栅衍射光相干成像后经多周期参考光栅调制的透射光强，由透射光强的幅值信息确定粗略对准位置；精对准采用相位探测技术，只探测周期最小的一组光栅的衍射光相干成像后经单周期参考光栅调制的透射光强，由透射光强的相位信息确定精确对准位置）、对准使用的传感器（如，CN101165596A：传感器中使用量子薄膜转换方式）、信号的处理方法（如，CN101110156A：采用非对称逼近方法，以在对准系统中对脉冲辐射探测信号的能量进行计算和对扩展采样进行同步校准）等。

上海微电子工件台相关申请有10项，主要涉及隔振和电机结构，对环境控制和其他方向也有所涉及。

对于高端光刻机影响最大的曝光系统，上海微电子主要关注投影物镜的相关技术，在14项曝光系统相关申请中，有13项申请均涉及投影物镜。作为整机生产商，上海微电子最关注对物镜成像缺陷的检测，包括像差测量和杂散光检测，共有6项（CN1570585A，申请年：2004，像差测量；CN1655064A，申请年：2005，杂散光检测；CN1862383A，申请年：2006，像差测量；CN101320219A，申请年：2008，像差测量；CN102081308A，申请年：2009，波像差测量；CN102129173A，申请年：2010，波像差测量）。对于投影物镜的结构，共申请了6项专利，其中有3项申请涉及物镜主体的结构（CN101290389A，申请年：2008，全折射式投影光学系统；CN101369053A，申请年：2008，全折射式投影光学系统；CN103676489A，申请年：2012，多面体结构的反射式物镜结构），3项涉及投影物镜的连接、隔振结构（CN104076614A，申请年：2013，物镜框架连接件；CN104423175A，申请年：2013，物镜隔振装置；CN207096677U，申请年：2017，物镜隔振装置）。

上海微电子在EUV光源方向，仅于2015年申请了1项专利（CN106569391A，申请年：2015，通过在水平方向增加 Sn 滴的数量，提高了 LPP 光源的功率，且保证了脉冲 EUV 光的稳定性），而在照明系统方面，则没有相关技术。

与上海微电子在测量领域着重发力、各方面均有涉及不同，北京理工大学虽然开始投影物镜研究较晚，但是，研究更为深入，也涉及投影物镜相关的各方面，从六镜系统的优化方法（如，CN102495468A，申请年：2011；CN102402135A，申请年：2011；CN102681357A，申请年：2012）、组合变倍率设计（如，CN105652439A，申请年：2016；CN112286010A，申请年：2020）、其他主体结构具体设计（如，CN102508353A，申请年：2011；CN102393560A，申请年：2011；CN102608737A，申请年：2012）到像差测量（如，CN101655670A，申请年：2009；CN101813894A，申请年：2010）、杂散光测试（如，CN101271284A，申请年：2008；CN101271283A，申请年：2008）均有所涉及。

对于曝光系统的最主要部分之一的 EUV 光源，哈尔滨工业大学对其研究较多也较深入。不同于主流的 LPP 技术，哈尔滨工业大学着重研究毛细管放电 EUV 光源系统，以解决常规放电等离子体（discharge produced plasma，DPP）EUV 光源系统的一些问题（如，CN106054537A，申请年：2016，使用双脉冲方式的毛细管放电 EUV 光源的负载系统；CN104619104A，申请年：2015，Xe 介质毛细管放电检测用 EUV 光源的整体结构；CN103237401A，申请年：2013，使用气体来防止 DPP EUV 中的污染）和激光等离子体辅助放电（laser - assisted discharge plasma，LDP）EUV 光源（如，CN106211531A，申请年：2016，使用磁力结构拖动靶材；CN105867076A，申请年：2016，使用特定磁力结构拖动靶材），对于光源的一些辅助设施也有所研究（如，CN105892240A，申请年：2016，收集器基座；CN103162848A，申请年：2013，等离子体状态检测；CN105739249A，申请年：2016，等离子体温度测量）。

其他中国申请人在 EUV 光源这一分支上，大部分以国际主流的 LPP EUV 为主，也有申请人研究基于加速器的自由电子激光（free election laser，FEL）EUV（如，清华大学，CN110944439A，申请日：2019，通过储存环和激光调制分别横向聚焦和纵向聚焦），但是就具体的研究方向而言，主要集中于通过对靶材的相关设计来防止污染，没有激光器的相关设计方案，对于收集器的改进也很少。

综合以上对于中国申请人的申请情况，可以得出如下结论：

（1）目前中国在 EUV 光刻机这一高端光刻机还处于起步阶段，相对于中、低端光刻机而言，技术积累薄，申请数量少；

（2）大部分研究仅针对特定的检测或附件的设计，高端光刻机的核心技术，对如激光器、收集器、投影物镜的具体结构设计等，没有研究或研究较少；

（3）从专利和科技文献的发明人和作者署名看各申请人间的相互合作较少。

3.6 本章小结

本章主要分析了 EUV 光源的高端光刻机的全球技术公开信息，包括专利技术信息以及科技文献技术信息两部分。从专利技术信息的统计分析得出以下几点结论：

（1）高端光刻机目前的定义是以EUV光作为光源的光刻机，专利申请出现了两个高峰，即2004年和2013年。其中，2004年专利申请高峰主要原因在于DUV浸没式光刻机的流行带动了工件台等一系列部件的技术研究的加速，这些技术作为通用技术也是可以应用于EUV光刻机。此外，当时的一些公司也在致力于新型光源的开发，以适应芯片制程的要求，比如赛默，该公司致力于光刻机用光源的研发，其专利申请量变化趋势与全球光刻机的变化趋势相一致。可见，新型光源的研发对全球光刻机的创新有很强的带动作用，可以说，掌握光源的核心技术，是掌握光刻机核心技术的关键所在。

（2）在EUV光刻机的各领域专利申请量中，曝光系统这一技术分支的专利申请量占到全球申请量的约2/3，是研究的热点技术领域。而在曝光系统中，EUV光源以及投影物镜部分的专利申请量也是最高的，这里集合了光刻机最热点的技术。

（3）从专利技术的来源和市场布局角度观察：因核心技术绝大多数掌握在国外少数跨国企业中，以ASML为代表的国外企业的专利布局左右了原创国家/地区和市场国家/地区的分布。在这种情况下，中国并非主要的原创国和市场布局国，但应看到，在2014年后，中国的高端光刻机市场地位在上升。

（4）ASML的专利申请趋势与其市场地位关系是相匹配的，其专利申请量涉及光刻机的诸多领域，涵盖了光刻机的各个关键技术点。其从21世纪初敏锐地发现EUV光源的潜力为发端原点，申请量在近10年一直维持在高位，且比较稳定。工件台及测量系统和曝光系统是该公司申请专利的重点技术领域。虽然前期从数量上看ASML在中国市场的专利布局量较少，但在核心技术上其一直将中国视为重要的市场，持续进行着专利布局。

（5）创新主体的申请量排名基本反映了目前其在EUV光刻机领域的市场地位。在这一排名结果中，中国创新主体的专利申请量非常少，这反映了在该领域我国与世界先进水平之间在技术上的巨大差距。中国目前还未能研制出能够投入产业应用的EUV光刻机，且通过专利的申请人信息和科技文献的作者信息也没有发现有联合研发的迹象，各个创新主体独立发展。虽然中国光刻机发展起步不算晚，但在核心技术上有明显缺失，例如：涉及激光器、收集器、物镜等高端光刻机的核心部件的方面都没有研究或研究较少，而这些技术主要被ASML、Zeiss等跨国公司垄断。

（6）科技文献每年的发表数量基本处于较平稳的状态，变化没有专利申请量的变化趋势明显，说明每年投入该领域研究的人员、资金等没有大起大落，受市场波动的影响较小。一般来说，出现这一规律的最可能的原因是其研究方向更具有前瞻性，研究成果被快速应用转化的可能性较小，市场化程度不高，还需要持续进行基础理论和基本技术的研究。因此，在EUV光刻机领域，若想对未来技术发展趋势进行把握，需要关注科技文献。而且，经检索发现，与ASML的研究机构相关的科技文献大都是其与荷兰等地的大学、科研机构等共同发表的，部分专利发明人也是科技文献的作者，两者有交叉，这也进一步说明在对相关技术进行追踪时，科技文献和专利一样，也需要得到重视。

第 4 章 EUV 光源专利分析

光刻技术，作为半导体产业的核心技术之一，是一种用于集成电路制造的图案形成技术。通常，光刻技术所用到的部件有光刻光源、掩模版、光刻胶等。而其工艺流程一般包括涂胶（光刻胶）、前烘、曝光、显影、坚膜、刻蚀和去胶等。❶ 光刻技术利用微缩投影的原理，将掩模版上的图案投影到具有光刻胶的晶圆板上，经过去胶刻蚀等处理过程，制作出集成电路所需的图样结构。❷ 其中，光刻技术通过改变集成电路中每个晶圆上节点的最小特征尺寸（最小分辨率），来决定每个芯片内晶体管的数目。

1965 年，高登·摩尔曾提出，在半导体行业的发展史上将会出现一条不变的规律——摩尔定律。该定律的内容为：每隔 1.5 ~2 年，在价格不变的前提下，单个芯片上晶体管的数目和性能均会增长 1 倍。在过去的几十年中，半导体行业一直遵循着这条规律高速发展，集成电路中每个硅晶片上的晶体管数目有近乎千万倍的增长。❸

集成电路向更低线程发展的需求，促使光刻工艺的分辨率（最小特征尺寸，或称为节点）不断地提升。光刻分辨率（critical dimension，CD）由瑞利公式给出：

$$CD = k_1 \frac{\lambda}{NA}$$

其中 λ 为光源的波长，NA（numerical aperture，即“数值孔径”）为光刻中物镜系统像方的数值孔径，k_1 为工艺因子，其数值跟所用的材料有关。由瑞利公式可以看出，随着光源波长的减少、物镜系统像方数值孔径的增加以及工艺因子的减小，光刻的分辨率会随之提升。❹ 因此，通过缩短曝光波长 λ 来提升光刻分辨率已成为目前光刻技术的主要研究方向。

目前，EUV 光能够提供 13.5nm 的波长，代表当今世界光刻机在缩短曝光波长上的最高工艺。本章以 EUV 光源的专利为主要研究对象，对相关专利技术进行解析，对未来发展方向给出判断，并分析了该技术在中国的布局现状，探讨目前中国发展具体在哪些方面遇到风险并给出建议。

---

❶ 宗楠，胡蔚敏，王志敏，等. 激光等离子体 13.5nm 极紫外光刻光源进展［J］. 中国光学，2020，13（1）：28 -42.

❷ 窦银萍，孙长凯，林景全. 激光等离子体极紫外光刻光源［J］. 中国光学，2013，6（1）：20 -33.

❸ 楼祺洪，袁志军，张海波. 光刻技术的历史与现状［J］. 科学，2017，69（3）：32 -36.

❹ 孙诗壮. 激光等离子体极紫外光源收集镜多层膜若干问题研究［D］. 长春：中国科学院长春光学精密机械与物理研究所，2020.

4.1 EUV 光源技术介绍

在光刻技术的发展历程中，科研人员们不断地探索更短曝光波长的可能性。20 世纪 80 年代至 90 年代初期，光刻主要采用高压放电汞灯产生的波长 436nm 和 365nm 的光源。汞灯普遍应用于步进曝光机，从而实现 0.35μm 的特征尺寸。20 世纪 90 年代中期后，深紫外光刻技术（deep ultraviolet lithography，DUVL）开始逐渐占据光刻技术的主导地位，工业上开始使用 DUV 波段，主要采用 248nm 的 KrF 和 193nm 的 ArF 准分子激光器作为曝光光源。随后，当光源发展到 157nm 的 F2 准分子激光器时，由于光刻胶和掩模材料的局限，157nm 光刻技术受到了很大的限制。研究人员们发现充入浸没液后，193nm 光源等效波长小于 157nm，另外 193nm 光刻机技术相对成熟，开发者只需重点解决浸没技术相关的问题，因而采用浸没技术的 193nm 光源逐渐取代 157nm 光源成为主流技术。目前，荷兰 ASML 于 2018 年生产的“NXT：2000i”（采用 193nm 光源）产品为现有最高水平的 DUV 光刻机，其分辨率为 38nm。“NXT：2000i”结合多次曝光套刻技术可将线宽缩小至 5 ~ 7nm。然而，多次曝光套刻技术过于复杂，使得生产成本大幅增加，而器件的产量却大幅降低。[1] 可见，193nm 光刻系统在光刻技术的 DUV 波段上已经发展到了极限，所以，研究能够制造出更小工艺线宽的光刻技术迫在眉睫。

极紫外光刻技术（extreme ultraviolet lithography，EUVL）采用 EUV 光源进行光刻，是最有潜力实现大规模工业化和商业化生产的光刻技术。EUVL 通过将曝光波长大幅减小来实现更小节点光刻，其一次曝光线宽的数值可达 10nm 以内。[2] EUVL 光刻机主要由三部分组成：EUV 光源系统、EUV 光反射收集系统以及照明曝光刻蚀系统组成。由于 EUV 光在介质中存在强烈吸收的特点，常规折射光学系统很难再被应用于这个波段的光刻技术中，EUVL 的光学系统必须采用反射式设计，且需安置到真空腔室里。光反射收集系统主要由两种不同元素原子间隔叠放组成的多层膜反射镜构成。照明曝光刻蚀系统将收集到的 EUV 光通过反射式的掩模并携带需要蚀刻的电路信息后，经过一系列缩放处理，最终投射到晶圆上进行曝光生产[3]，详见图 4－1－1。

目前，主要有 4 种方案可以获得 EUV 光源，分别是：同步辐射源、LPP、DPP 和 LDP。同步辐射源的优点是可以产生高功率的 EUV 光，而且它对光学元件无碎屑污染，故可以长时间稳定地输出 EUV 光。但是，过于复杂和庞大的装置构造以及极其高昂的造价等都表明同步辐射源并不适用于大规模工业生产。LPP、DPP 和 LDP 都是通过高能

---

[1] 陈鸿，兰慧，陈子琪，等．脉冲激光辐照液滴锡靶等离子体极紫外辐射的实验研究［J］．物理学报，2015，64（7）：247－252.

[2] 宗楠，胡蔚敏，王志敏，等．激光等离子体 13.5nm 极紫外光刻光源进展［J］．中国光学，2020，13（1）：28－42.

[3] 窦银萍，孙长凯，林景全．激光等离子体极紫外光刻光源［J］．中国光学，2013，6（1）：20－33.

量束使靶材产生较高的温升，从而产生高温、高密度的等离子体并发射 EUV 光。[1]

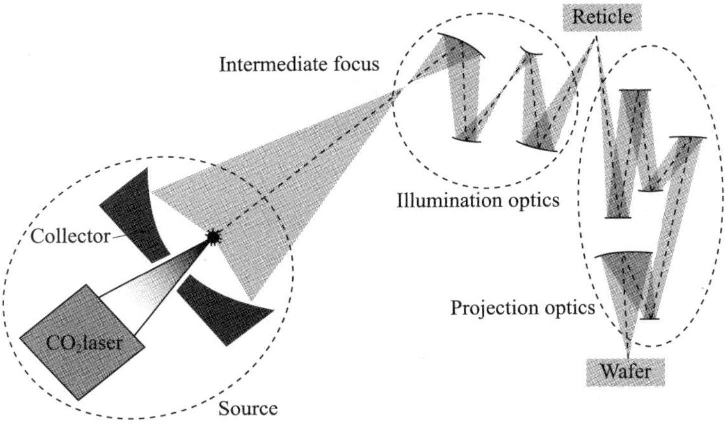

图 4-1-1　极紫外光刻光学系统结构

LPP 是以高强度的脉冲激光为驱动能源照射靶材，使靶材产生高温等离子体并辐射 EUV 光。图 4-1-2 是 LPP 产生 EUV 光的示意图。其中，采用数十千瓦功率的激光从反射镜的一圆孔进入并打在液滴靶材上，产生的 EUV 光通过多层介质膜反射镜反射汇聚在中心焦点（intermediate focus，IF）处。[2]

DPP 是将靶材涂覆在阳极和阴极之间，两个电极在高压下产生强烈的放电使靶材产生等离子体。由于 Z 箍缩效应，当洛伦兹力收缩等离子体时，等离子体被加热，产生 EUV 光。图 4-1-3 是 DPP 产生 EUV 光的示意图。其中，靶材后面为一组叶片，即所谓的"箔片陷阱"，可防止靶材碎屑到达叶片后面的收集器（反射镜）而使其被污染。最后，EUV 光汇聚于 IF 点。[3]

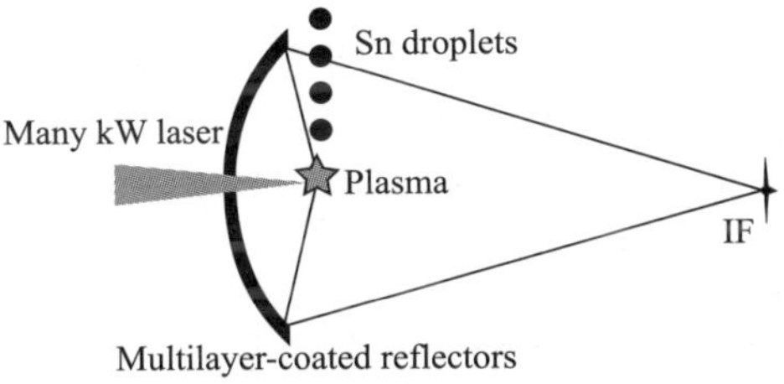

图 4-1-2　LPP 产生 EUV 光的示意图

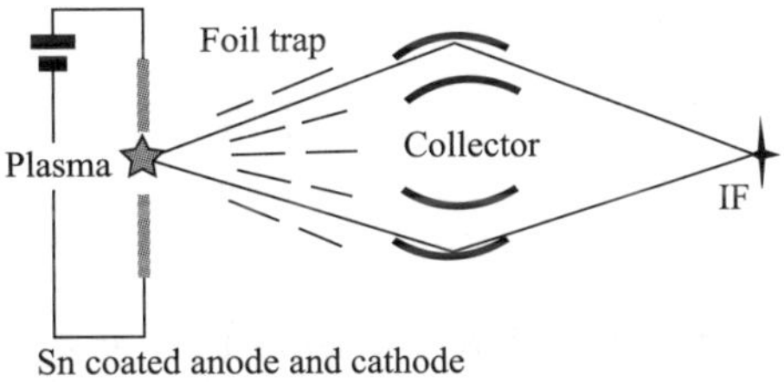

图 4-1-3　DPP 产生 EUV 光的示意图

LDP 是将 LPP 与 DPP 结合起来，先用脉冲激光照射靶材，使靶材细化，再运用 DPP 技术放电使靶材产生 EUV 光。[4]

对比上述 4 种方案，由于同步辐射源的缺点极难被克服，目前可以实现工业化 EUV 光刻机生产的方案为后 3 种。DPP 和 LDP 具有很多相似之处，它们均可以通过增

[1][2][3][4] 宗楠，胡蔚敏，王志敏，等．激光等离子体 13.5nm 极紫外光刻光源进展［J］．中国光学，2020，13（1）：28-42.

大放电电流的功率来提高 EUV 光的输出功率。但是，在靶材产生等离子体的过程中，一定会对电极产生热负荷和腐蚀，造成关键元件的损坏，所以需要经常清理和更换电极。此外，DPP 的产生伴随着大量的碎屑，严重地损坏了光学收集系统。上述问题尚未找到较好的解决办法，因而，DPP 和 LDP 方案都难以维持长时间的稳定工作状态。LPP 以高功率激光辐射靶材，相较于 DPP 和 LDP 方案，因没有损伤电极的困扰而较大地消减了装置的热负荷，产生的光源也较为稳定，而且，LPP 所产生的碎屑量低于 DPP。[1] 鉴于 LPP 的诸多优点，现用于大规模工业生产的方案多以 LPP 为主，LPP 技术目前已经成为 EUV 光刻机中产生 EUV 光源的主流技术，而且绝大部分的专利申请也是围绕 LPP 技术作出的申请。

对于商业化大规模生产的 EUV 光刻机，如何在降低成本的情况下提高晶圆的生产率是一个极为重要的问题。以 ASML 在 2017 年所生产的 EUV 光刻机设备“NXE：3400B”为例，在实际光刻生产中，该款设备每小时操作的晶圆数目可以达到 125 片以上。这就要求 EUV 光源在进入光刻系统以前，IF 点的输出功率必须在 205 瓦以上。目前为止，ASML 和 G 公司的 EUV 光源设备均可输出 250 瓦较为稳定的 EUV 光。然而，相较于 EUV 光刻机高昂的成本而言，这样的生产效率和输出功率仍然有较大的提升空间。[2]就目前的 LPP 技术而言，将数十千瓦功率的脉冲激光照射在靶材上产生等离子体并辐射 EUV 光，获得 EUV 光的输出功率在数百瓦，可见，虽然脉冲激光已经采用了较高的输出能量，但输出 EUV 光的能量仍是有限的，也即光源的转换效率是比较低的（转换效率是指 EUV 输出能量除以输入激光能量并换算成百分数后的数值[3]）。因而，如何有效提高 EUV 光源的转换效率是 EUVL 的一个重点研究方向。

LPP 通过激光辐射靶材产生高温、高密度的等离子体并辐射 EUV 光。在此过程中，必然会产生一定数量的碎屑。这些碎屑主要由熔融液滴、微粒团簇、中性碎屑原子和高能离子组成。碎屑对 EUV 光刻机的影响具体表现在：

①碎屑会损伤光源的收集系统，碎屑中的高能离子会撞击多层膜反射镜，造成多层膜反射镜结构被破坏。同时，能量较低、速度较慢的中性碎屑粒子有一定的概率会附着在多层膜反射镜上，吸收生成的 EUV 光并加热多层膜反射镜，进一步破坏其结构。

②中性碎屑粒子会吸收 EUV 辐射，而且亚微米级的微粒团簇和熔融液滴因不能完全被运用到产生 EUV 辐射的过程中而被浪费。因此，如何减少 EUV 光源生成过程中的碎屑也是 EUVL 的重要研究方向。

采用 LPP 技术产生 EUV 光时，由于需要将脉冲激光照射在尺寸为微米级的液滴靶材上，则对脉冲激光的焦点控制、产生液滴靶材时的时间和空间稳定性、液滴靶材与预脉冲激光和主脉冲激光的对准时机以及重叠区域的控制等因素，均提出了很高的要求，而上述这些因素对于 EUV 光的稳定生成将产生重要的影响，同时也决定了 EUV 光

---

[1][2][3] 宗楠，胡蔚敏，王志敏，等．激光等离子体 13.5nm 极紫外光刻光源进展［J］．中国光学，2020，13（1）：28 -42.

刻机是否适用于芯片的大规模生产。因此，EUV 光产生的稳定性也是 EUVL 不断致力于改进的重要方向。

综合分析得出，对于 EUV 光源的专利分析，将从以下三个技术分支进行分析：①提高 EUV 光源转换效率；②减少 EUV 光源产生的碎屑污染；③提高 EUV 光源产生的稳定性。本章将着重围绕 EUV 光源的专利申请，对专利申请态势、国内外专利布局、重要申请人分析等方面展开研究；并且，针对上述三个技术分支，梳理技术发展路线，分析重要专利技术，对技术发展趋势作出预测，并构建模型研究 EUV 光源的专利壁垒情况；同时，对 EUV 光源的非专利技术进行分析。

4.2 专利竞争态势分析

4.2.1 申请态势

如图 4－2－1 所示，EUV 光源技术领域的专利申请分为两个阶段，2008 年是两个阶段的分水岭。2008 年之前是申请量的高速增长期，这一阶段 EUV 光源专利申请基本呈逐年上升的趋势。特别是在 1999～2004 年保持了平均年增长率 40% 以上。2008 年，申请量触顶，该年的专利申请量达到了近 100 项。2008 年之后，专利申请增长较平稳，2013 年之后还出现了增长量连年下降的情况。从该申请趋势可以看出，2008 年前后是该领域技术创新的一个爆发期，而在之后这一技术的发展显得较为平缓。

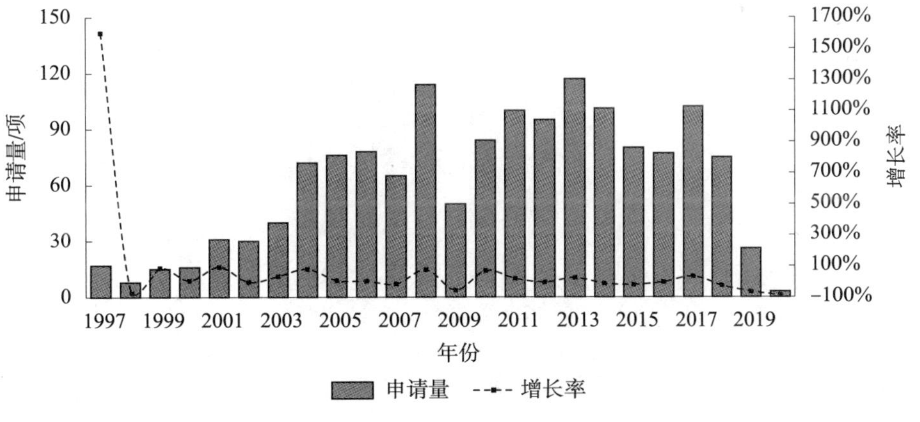

图 4－2－1 EUV 光源技术领域申请趋势

从技术问题角度将 EUV 光源分成三个子领域：提高转换效率、减少污染和提高稳定性。如图 4－2－2、图 4－2－3、图 4－2－4 所示，从各个子领域的申请趋势情况来看，它们的申请量变化趋势相类似，说明这些技术本身具有较大的相关性。很多专利技术解决的并非单一的技术问题。相比较而言，提高稳定性这一领域近几年的增长率相对较突出。

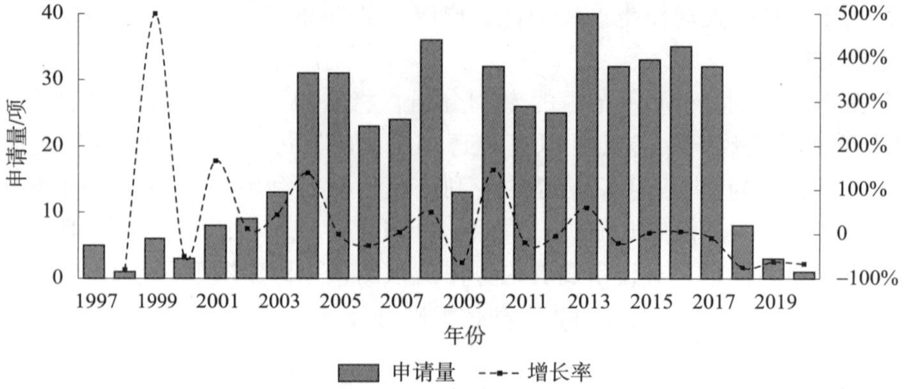

图4-2-2　EUV 光源提高转换效率领域申请趋势

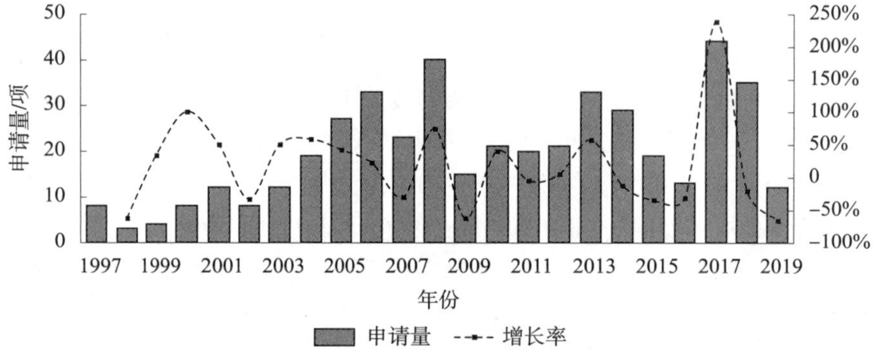

图4-2-3　EUV 光源减少污染领域申请趋势

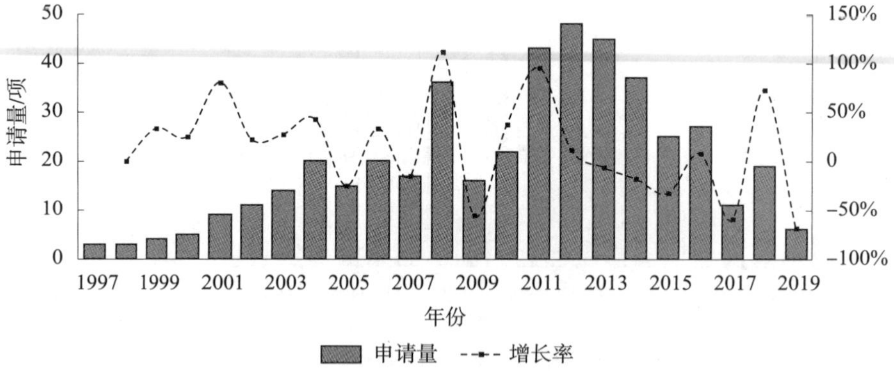

图4-2-4　EUV 光源提高稳定性领域申请趋势

4.2.2　专利区域分布

4.2.2.1　原创/目标国家/地区专利分布

从 EUV 光源技术分支领域专利的原创国家/地区分布看，如图4-2-5 所示，技术来源国主要是美国和日本，二者贡献了全球约 3/4 的专利申请数量。其中美国是 EUV

LLC联盟的发源地，而日本是G公司的所在地。

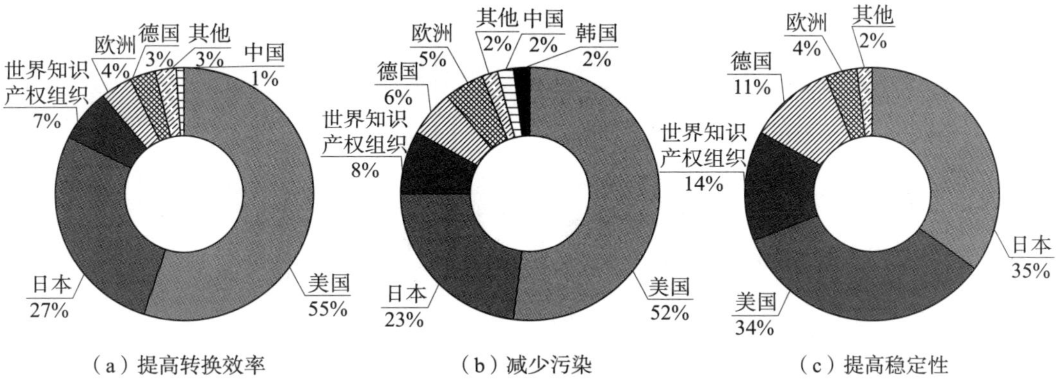

图4-2-5 EUV光源技术分支领域原创国家/地区专利来源分布

从EUV光源技术分支领域专利的目标国家/地区分布看，如图4-2-6所示，在美国、日本的专利布局量相当，接近或超过20%。在中国的专利布局量占总量的10%~20%，布局意愿排在美国、日本之后。

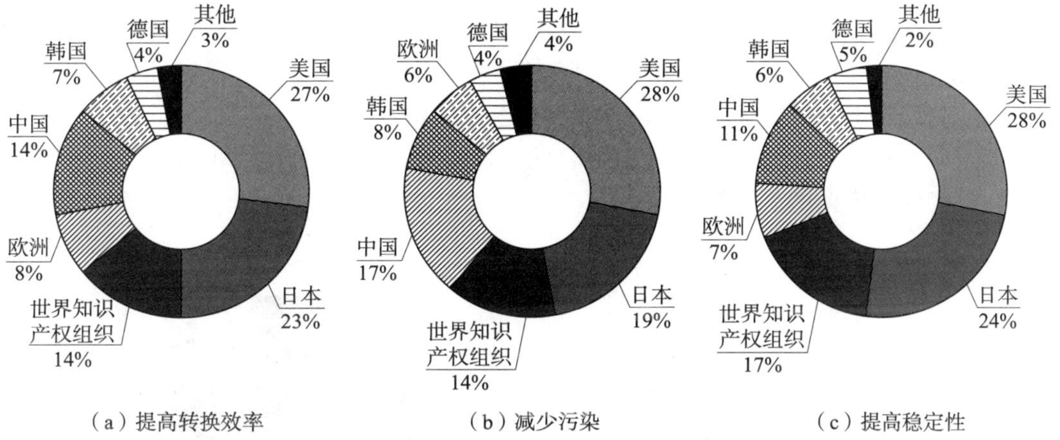

图4-2-6 EUV光源技术分支领域目标国家/地区专利布局分布

4.2.2.2 原创/目标国流向趋势

以下基于ASML在我国的专利布局情况初步探讨其在我国的布局策略。

如图4-2-7所示，由ASML的EUV光源技术分支领域在中国的专利布局情况可以看出，2014年以前，ASML在中国的专利布局比例整体较低，但仍不乏布局比例增加的年份，呈现出震荡波动趋势，但2014年起，其在中国的布局占比逐渐提高，未在中国进行布局的申请量占比越来越少［由于《专利合作条约》（PCT）申请方式在申请后的3年内进入指定国，因此2019年的数据不全］。从宏观上可以看出ASML对中国市场的重视程度越来越高。

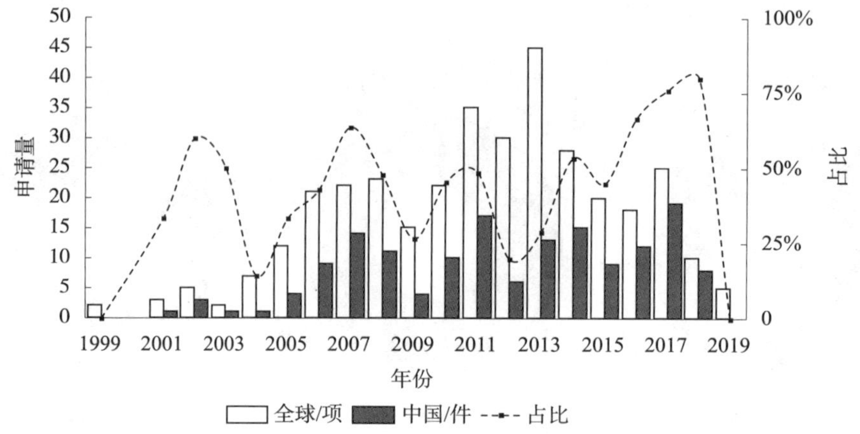

图4－2－7　ASML EUV 光源技术分支领域在中国的专利布局情况

接下来以具体的专利文献作为分析对象。第一，以 EUV 光源中减少污染这一分支"使用防污染屏障件来拦截碎片颗粒，避免其附着于收集器"这一具体手段来看 ASML 在中国的布局策略，其包含了下述未在中国布局的专利申请1～3和在中国布局的专利申请4～6，如下（均以权利要求作为解读相关技术布局的依据）：

专利申请1（US2006219958A1）如图4－2－8所示：一种用于在 EUV 系统中使用的可旋转污染屏障，所述屏障包括多个紧密堆积的叶片，所述多个紧密堆积的叶片被配置成捕获来自 EUV 辐射源的污染材料，所述叶片相对于所述污染屏障的中心旋转轴径向地定向，其中所述叶片包括金属化合物，所述金属化合物具有相对于所述中心旋转轴大致径向地定向的均匀晶体取向。

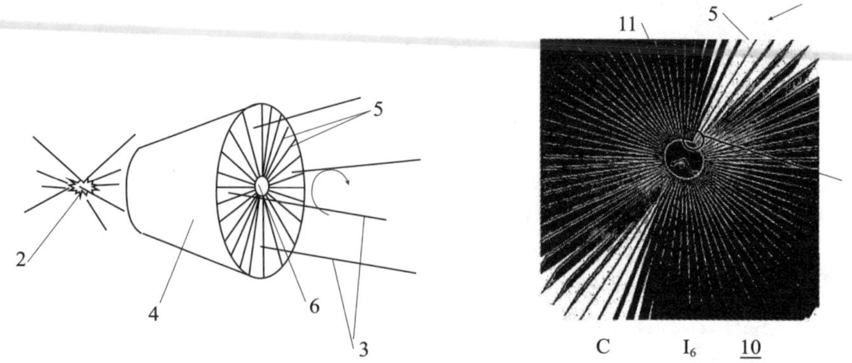

图4－2－8　US2006219958A1 附图

专利申请2（US2008067454A1）如图4－2－9所示：一种用于在 EUV 辐射系统中使用的可旋转污染屏障，所述污染屏障包括用于捕获来自 EUV 辐射源的污染材料的多个紧密堆积的叶片，所述叶片相对于所述污染屏障的中心旋转轴径向地定向，所述污染屏障相对于所述中心旋转轴分段成内部区段和外部区段。

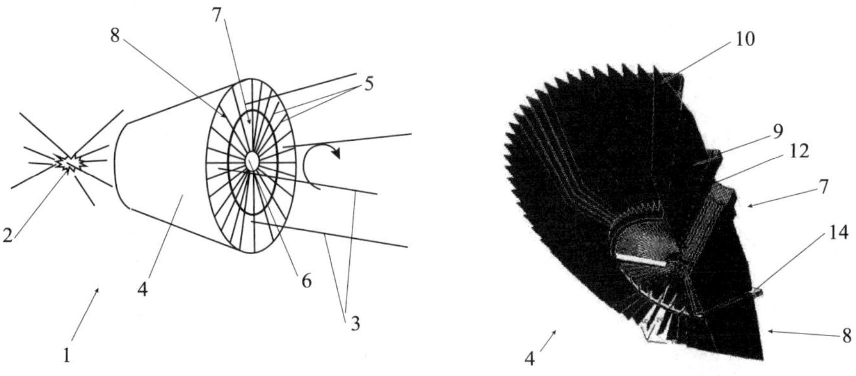

图4－2－9 US2008067454A1附图

专利申请3（US2009272916A1）如图4－2－10所示：辐射源……以及污染物阻挡件，所述污染物阻挡件包括至少部分地位于所述等离子体形成位点与所述收集器之间的多个箔，以及可操作地连接到所述多个箔的可旋转基座，所述可旋转基座被配置为允许所述辐射束穿过所述污染物阻挡件到达所述等离子体形成位点。

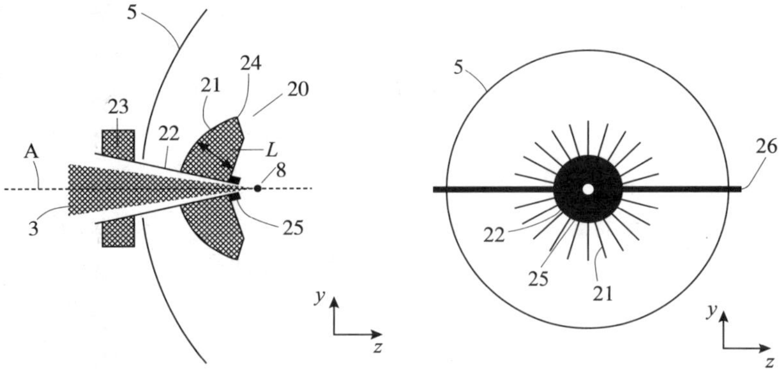

图4－2－10 US2009272916A1附图

专利申请4（CN1510523A）如图4－2－11所示：一种杂质屏蔽，用于使来自辐射源的辐射通过，并捕获来自所述辐射源的碎片，所述的杂质屏蔽包括从主轴沿径向延伸的许多薄片，每一所述的薄片被定位在包含所述主轴的各自的平面内，其特征在于，该杂质屏蔽包括内环和外环，每一所述的薄片的至少一个外部边缘被可滑动地定位在所述内环和外环至少其中之一的槽中。

专利申请5（CN101755239A）如图4－2－12所示：一种碎片防止系统，其被构造和布置以防止从辐射源发射出的碎片随来自所述辐射源的辐射传播到光刻设备中或在光刻设备内传播，所述碎片防止系统包括：

第一翼片阱，所述第一翼片阱围绕旋转轴线是可旋转的；和至少部分地包围所述第一翼片阱的第二翼片阱，所述第二翼片阱包括多个翼片，所述多个翼片分别相对于用于放置辐射源的中心位置光学开放且分别相对于垂直于旋转轴线的方向光学封闭。

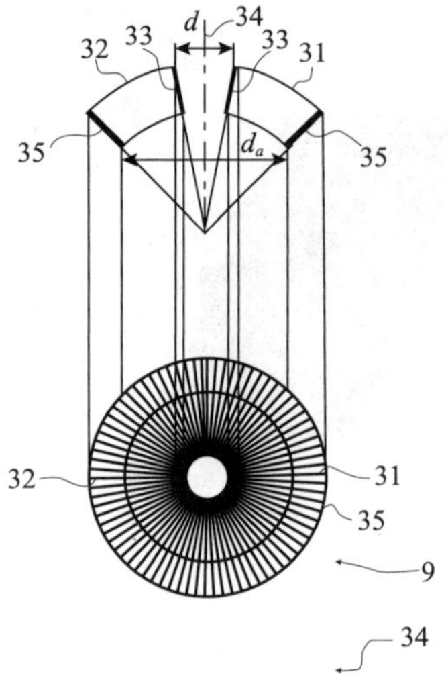

图4-2-11　CN1510523A 附图

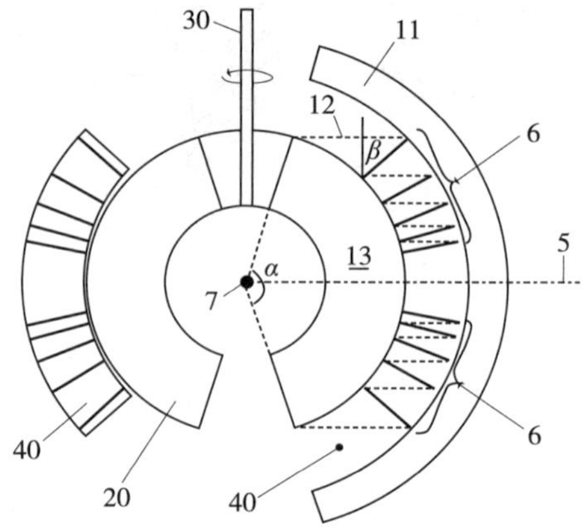

图4-2-12　CN101755239A 附图

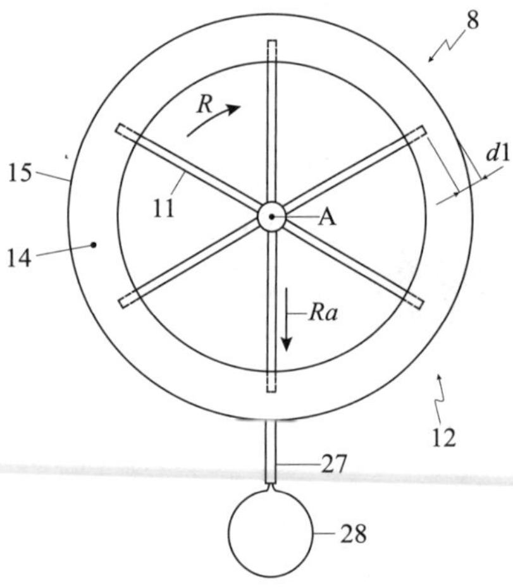

图4-2-13　CN102216853A 附图

专利申请6（CN102216853A）如图4-2-13所示：一种光刻设备……旋转污染物阱，旋转污染物阱包括多个元件，所述多个元件从公共的旋转捕获轴线沿径向方向延伸并且布置成在辐射束在辐射系统内传播期间允许从辐射源发出的污染物材料沉积，其中辐射系统还包括用于接收来自污染物阱元件的污染物材料颗粒的污染物捕集器，污染物捕集器具有在辐射系统操作期间用于保留所述污染物材料颗粒的构造。

综合专利申请1~3可知，其发明的基础均在于使用屏蔽片，其发明的核心构思都在于使用可旋转的屏蔽片来阻隔污染颗粒，不同之处仅在于屏蔽片的方向、材料和简单结构变化。

而在中国布局的相关专利中，早在2002年，就有使用屏蔽片来阻隔污染的相关申请（参见专利申请4）；在2007年（仅晚于专利申请1、2一年）和2011年分别存在使用旋转屏蔽片的相关申请（参见专利申请5、6）。可见，在这一具体的技术手段上，与宏观数据统计得出的概括性结论不同，ASML一直以来都比较重视中国市场，即使是在中国布局较少的2014年以前，其也将上述核心技术或类似技术在中国进行了布局。

第二，对于之前未在中国市场布局的技术方案，ASML也会在后续进行补充布局，以“使用加热的方法来避免污染”这一具体手段为例：

专利申请7（WO2014121873A1）：辐射源设备，所述辐射源设备被配置为通过将燃料激发成等离子体来产生辐射束，所述设备包括用于在操作期间捕获燃料碎片的接收结构和用于将所述接收结构的一个或多个表面加热到足以液化所述燃料碎片的温度的加热装置，使得所述燃料碎片能够沿着所述表面流到所述设备的另一部分，所述加热装置包括位于所述表面附近的所述接收结构的导电材料附近的一个或多个导体，以及交流电流源，其在所述导体中流动，从而通过感应在所述导电材料内直接引起加热。

专利申请8（WO2014206706A1）：一种辐射源设备，被配置为通过将燃料激发成等离子体来产生辐射束，所述设备包括：等离子体形成部位，所述等离子体形成部位位于其中燃料将被激光束辐射接触以形成等离子体的位置处；接收结构，所述接收结构具有接收表面，所述接收表面用于捕获随着所述等离子体的形成而产生的燃料碎片；以及加热装置，所述加热装置用于将所述接收结构的一个或多个接收表面加热到足以液化所述燃料碎片的温度，使得所述燃料碎片可以沿着所述表面流到所述设备的另一部分，所述装置包括用于加热所述接收表面的加热器元件，其中所述加热器元件的一部分具有可调节的长度，用于提供对所述加热器元件的加热控制。

上述两个方案的核心技术均是通过为导电材料设置交流电源来加热燃料碎片以避免污染，这一方式也是避免污染的重要技术手段之一。这两个方案均未在我国布局。但实质上，在上述两方案的最早优先权年之前的2012年，ASML在我国申请了包含上述方案的核心技术的相关方案，参见专利申请9（CN104798445A，最早优先权年：2012）：一种辐射源，所述辐射源被布置为从等离子体生成辐射，所述等离子体从包括气体的围闭件内的燃料生成，并且生成的所述等离子体导致初级碎片的发射，所述辐射源包括：具有光活性表面的部件，以及碎片接收表面，被定位和/或定向以使得在使用时所述初级碎片的发射引起具有燃料层的所述碎片接收表面的污染，其中所述碎片接收表面被布置为保持在足够高的温度，以将所述燃料层保持为液态，并且在使用时提供比在超过所述燃料的熔点20℃的温度的所述液态燃料层内的所述气体的泡的形成率显著更低的所述液态燃料层内的所述气体的泡的所述形成率。

随后，ASML继续延伸相关技术的发展，并在我国进行布局，参见专利申请10（CN109478026A，最早优先权年：2016）：一种在辐射源中使用的碎片减少系统，包括：污染物陷阱，包括碎片接收表面，所述碎片接收表面被布置成接收从所述辐射源的等离子体形成区域发射出的液态金属燃料碎片，其中，所述碎片接收表面由与所述液态金属燃料碎片反应以在所述碎片接收表面上形成金属间化合层的材料构成。其从属权利要求11中进一步限定了如下内容：所述碎片减少系统还包括热源，所述热源被布置成将所述碎片接收表面加热到200～500℃的操作温度。

第三，从上述专利申请10中可以看出，从属权利要求也较为重要，并且ASML试图针对其核心技术的布局在我国进行相关的扩展和空白填补；反之，对于一些已经在我国进行过布局的重要技术方案的后续的简单扩展或变形方案，ASML也有可能选择不在我国继续进行布局。

如专利申请11（CN102844714A）：①一种反射器，包括：配置成反射第一波长的辐射的多层反射镜结构，和一个或更多个附加层，多层反射镜结构和所述一个或更多个附加层在第二波长条件下的吸收率和折射系数以及多层反射镜结构和所述一个或更多个附加层的厚度，配置成使得从反射器的表面反射的第二波长的辐射以相消方式与从反射器内反射的第二波长辐射干涉……。⑥如前述权利要求任一项所述的反射器，其中多层反射镜结构包括n型硅和类金刚石碳的交替层。

上述专利申请11的权利要求6已经涉及多层反射镜结构包括n型硅和类金刚石碳的交替层，类似的更为简单却有少量变形（对第一材料掺杂）的方案则未在我国布局，参见专利申请WO2014124769A1的权利要求1：一种制造多层反射镜的方法，所述多层反射镜包括第一材料和硅的交替层对的多层堆叠，所述方法包括：在衬底上设置所述第一材料层和硅层的交替层对的堆叠；以及用掺杂剂材料掺杂所述第一材料的至少第一层。

最后，还有一部分技术方案较为重要，但权利要求撰写较简单、保护范围较大、易被侵权，却未在我国进行布局，如以下7件专利申请的权利要求1：

专利申请12（WO2014095261A1）权利要求1：一种用于激光产生等离子体源的光束传送设备，包括：可变变焦光学器件，所述可变变焦光学器件被配置成调节辐射束以便输出具有可配置光束直径的经调节光束；以及多个反射镜，其经配置以将所述经调节辐射束引导到等离子体产生位点。

专利申请13（WO2014063878A2）权利要求1：一种光刻设备，包括辐射源和束压缩系统，所述辐射源包括单独激光器的阵列，其中所述激光器被配置成聚焦在燃料目标被供应到的公共焦点处。

专利申请14（WO2013124101A2）权利要求1：燃料流发生器，其包括连接到燃料储存器的喷嘴，其中所述喷嘴具有气体入口，所述气体入口被配置成提供气体护套，所述气体护套收缩沿着所述喷嘴流动的燃料。

专利申请15（WO2014072149A2）权利要求1：一种产生辐射的方法，所述方法包括：在等离子体形成位置处提供连续更新的燃料靶；以及在所述等离子体形成位置处引导连续波激发光束，使得所述连续更新的燃料目标内的燃料被所述连续波激发光束激发以生成辐射生成等离子体。

专利申请16（WO2013174656A2）权利要求1：一种反射器，其包括设置有层的反射表面或结构，所述层包含选自硅烯或硅烯衍生物或其组合的物质。

专利申请17（WO2014090480A1）权利要求1：辐射源，所述辐射源被配置成通过激发燃料来产生EUV辐射束，所述辐射源包括气流产生模块，所述气流产生模块可操作以通过将高速气流施加到所述燃料的微滴来预处理所述微滴，使得所述高速气流使所述微滴变形或破碎。

专利申请18（WO2014082811A1）权利要求1：一种用于EUV辐射源的微滴发生器，包括：毛细管，在使用中熔融材料在所述毛细管中流动；致动器，所述致动器被配置为调节所述毛细管内的压力；以及控制器，所述控制器被配置为以驱动频率驱动所述致动器；其中所述毛细管包括亥姆霍兹共振器。

综上，可以看出ASML对我国市场越来越重视，总体而言，在我国的专利布局越来越多，但是，从具体的专利申请方面分析，却难以得到其在我国的完整、准确的布局策略，这使得我们在使用相关技术时更需要小心，谨慎确定可利用性，分析壁垒情况，避免出现使用了未在我国布局的专利申请的相关技术，但实质上侵犯了其核心技术或关联技术的相关专利，在使用前应尽量做好全面的侵权分析工作。

4.2.3 重要申请人分析

4.2.3.1 ASML 与 G 公司申请量突出

如图 4－2－14 所示，从 EUV 光源技术分支领域的申请人排名看，G 公司和 ASML 在光源领域的专利申请相比其他申请人遥遥领先，两家公司占全部申请的 50% 以上。优志旺、台积电的申请量均不足 100 项，与 G 公司和 ASML 数据差距明显。

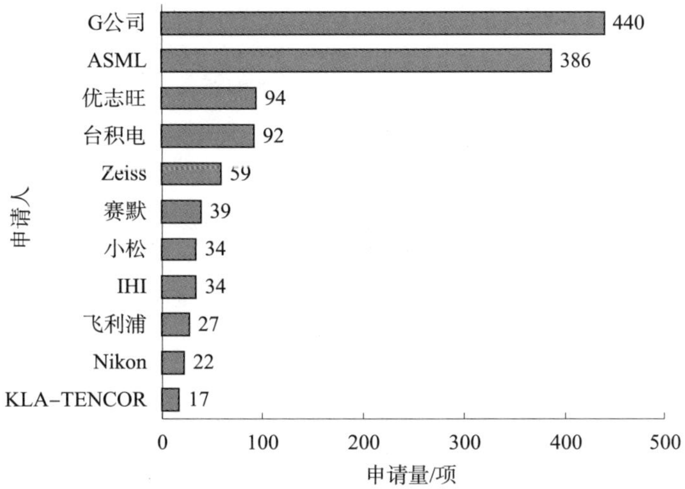

图 4－2－14　EUV 光源技术分支领域主要申请人排名

如图 4－2－15、图 4－2－16、图 4－2－17 所示，ASML 虽然是行业的引领者，但其申请量在各分支领域并不都处于领导地位；特别是在 EUV 光源技术分支领域中的提高稳定性方面，G 公司的申请量较 ASML 大幅度领先。

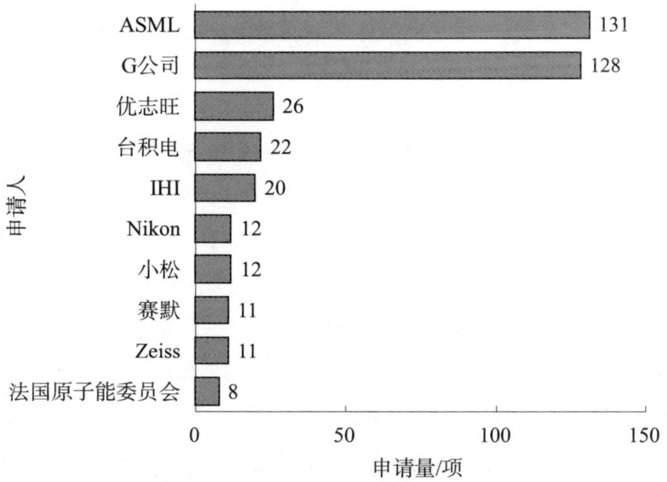

图 4－2－15　提高转换效率技术分支领域主要申请人排名

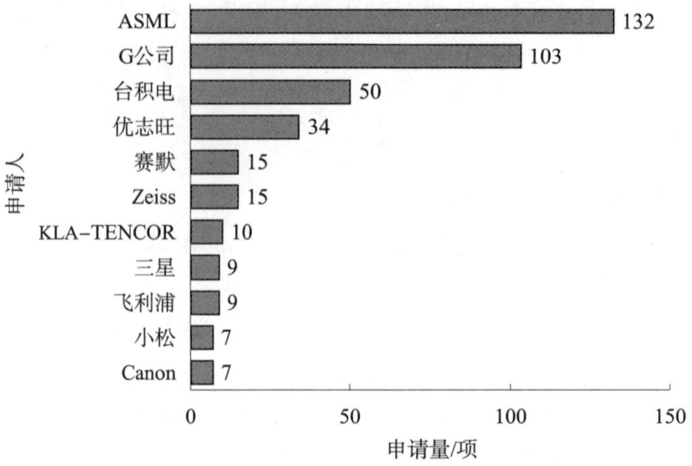

图4-2-16　减少污染技术分支领域主要申请人排名

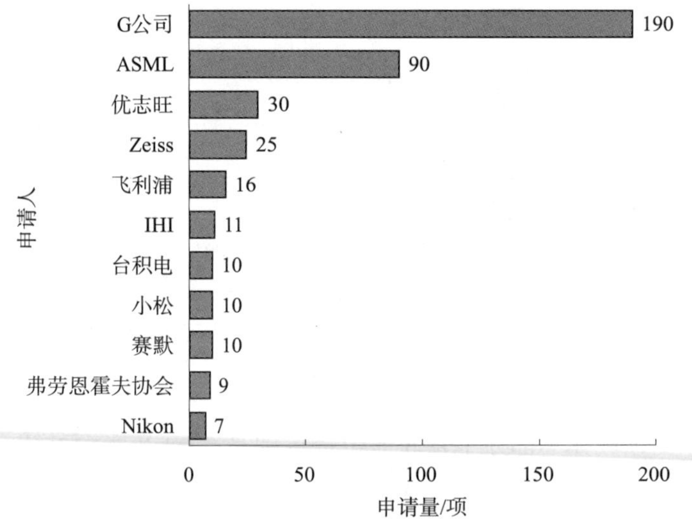

图4-2-17　提高稳定性技术分支领域主要申请人排名

通过前期专利数据分析的结果可以看出，ASML在EUV光刻机领域的总申请量位列全球第一，而G公司排名全球第四。具体到一级技术分支，在曝光系统技术分支领域中，ASML与G公司的申请量分别位列第二、第三；对于环境与真空技术分支领域而言，ASML的申请量仍然排名第一，而G公司的申请量排名第六；而对于工件台与测量系统技术分支领域而言，ASML的专利申请数量排名第一，且遥遥领先，而G公司不论是在工件台还是测量系统方面，申请量均较少，并未排进全球前八。统计表明，ASML在曝光系统、工件台与测量系统、环境与真空三个技术分支领域的专利申请占比分别为38%、41%以及21%，可见，ASML的专利申请在三个一级技术分支领域都有较多分布，且布局相对均衡。而G公司的专利申请大部分都分布在曝光系统技术分支领域，在环境与真空技术分支领域有一定数量的分布，然而在工件台与测量系统技术分支领域分布较少。由于ASML属于技术覆盖较为全面的创新主体，该公司有能力独立完成整套EUV光刻设备的研发设计、生产制造、部件组装等，对于与其体系之外的其他创新主体合作的需求不大；加之ASML主要为美国提供光刻设备，受限于政策法规、行业禁止等原因，其与国内申请人合作的可能性较低。而G公司主要致力于曝光系统的创新研究，在其他技术分支研发实力相对较弱，这就使得该公司比较难以自行构建起一整套完备的EUV光刻设备，其寻找其他合作伙伴共同开展EUV设备研发、制造、装配、生产的意愿可能会比较强烈，而国内创新主体正好在工件台与测量系统的设计研发方面较为突出，这就为二者提供了优势互补、共同发展的合作契机。

进一步对曝光系统下面的二级技术分支进行分析后发现，EUV光源技术分支领域申请量排名中，G公司超越了ASML，成为全球第一；而投影物镜技术分支领域中，ASML排名第二，G公司仍未进入前八。由此可见，G公司在曝光系统技术分支领域着重发展EUV光源技术，且申请量一跃成为该领域的第一。由于EUV光源是EUV光刻设备中最关键的部件之一，G公司在该方向的蓄力或将成为其掌握核心关键技术的一大优势，国内申请人可以尝试争取与G公司的合作机会。

就进一步细分的EUV光源技术分支领域而言，在提高转换效率、减少污染两个技术分支领域中，排名第一的仍然是ASML，排名第二的均为G公司且与ASML的申请量相差不大；在提高稳定性技术分支领域中，G公司申请量排名第一，且申请量是ASML的两倍以上。由此可见，G公司在EUV光源技术分支下的提高稳定性细分技术分支领域具有较为明显的优势，而如何提高稳定性也是EUV光源技术中较为重要且亟待解决的问题，这也成为G公司作为合作伙伴的优势之一。

4.2.3.2 G公司相比ASML专利申请布局的特点

如图4-2-18所示，对G公司EUV光源技术分支领域的专利申请趋势进行分析后可知，自2001年以来，其申请量呈现震荡式上升趋势，在2008年时达到峰值，2009年的申请量明显下降，自2010年开始，申请量有所回升并处于比较稳定的状态。

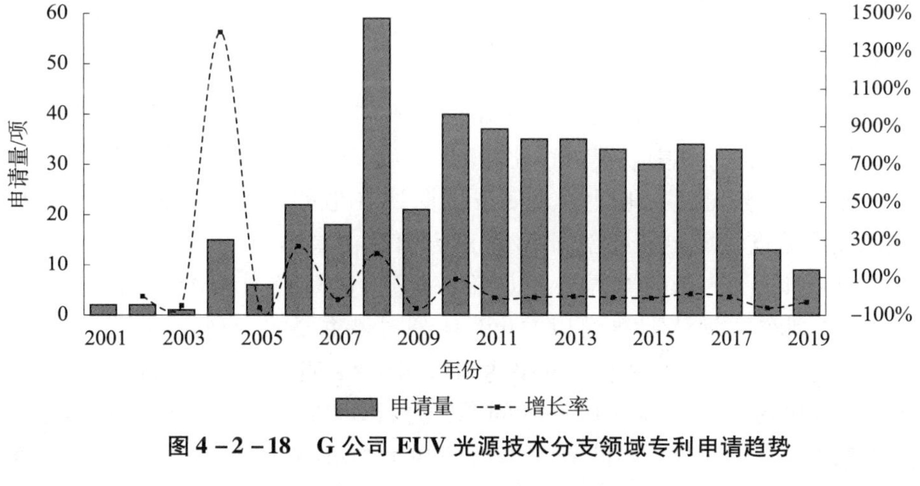

图4-2-18 G公司EUV光源技术分支领域专利申请趋势

如图4-2-19所示，进一步对G公司和ASML在EUV光源技术分支领域的申请趋势进行比较，结果表明，相较G公司而言，ASML在EUV光源技术分支领域的专利申请布局更早，且基本呈上升趋势的时间较长，并于2013年达到申请量峰值。而对G公司而言，其申请量从2001年开始震荡式增长，2008年达到峰值。就整体申请态势而言，虽然起步稍晚，但G公司在EUV光源领域的研发创新势头更劲，专利布局行为更加活跃。

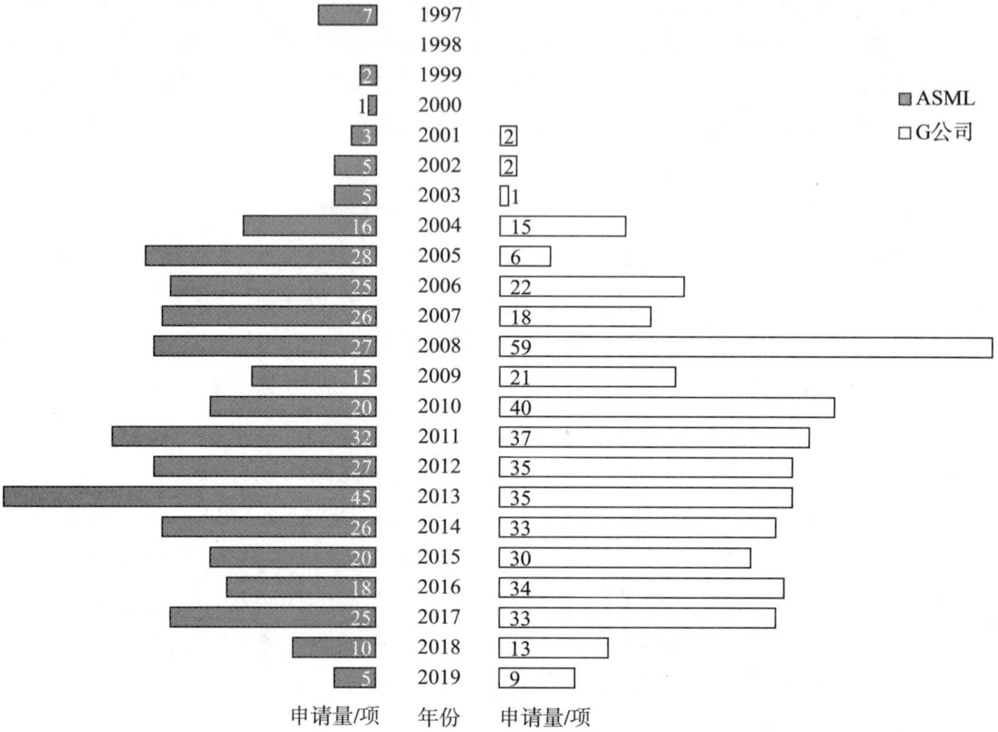

图4－2－19　G公司与ASML EUV光源技术分支领域专利申请趋势比较

如图4－2－20所示，对G公司和ASML的EUV光源技术分支领域专利的主要原创国家/地区进行统计后发现，G公司的专利原创国为日本和美国，其中，日本作为原创国的占比达65.8%，另外34.2%的专利的原创国为美国。由此可见，虽然G公司是一家日本公司，但仍有部分专利以美国作为原创国，或表明其在美国具有研发机构以及具有由美国研发人员组成的研发团队。与G公司不同，ASML的专利原创国家/地区则主要分布于美国和欧洲，其中，美国占比为59.1%，另外39.0%为欧洲。

由此可见，由于公司设立地址以及研发团队所在地的不同，使得G公司和ASML在EUV光源技术分支领域专利原创国家/地区方面存在差异。

如图4－2－21所示（见文前彩色插图第2页），从G公司和ASML的EUV光源技术分支领域的专利布局国家/地区可以看出，G公司最主要的专利布局国家为美国，占比高达48.59%，其次是日本本土，占比达到45.23%，此外，欧洲占比3.09%，中国占比1.88%，韩国占比1.21%（因修约问题，合计99%）。可见，G公司对于美国市场的重视程度之高，其将近一半的专利申请都在美国进行了布局。相比之下，美国同样是ASML最大的专利布局国，其专利布局量占比达到了28.39%，且与G公司在美国专利布局量相近；ASML的第三大专利布局国为日本，占比为20.97%。与G公司在中国的专利布局特点不同，ASML 将中国作为其第二大专利布局国，专利布局占比为 27.82%，专利布局量约为 G 公司的 25 倍。因此，ASML 对于整个中国市场的重视程度可见一斑，也从一定程度上表明了 ASML 在中国建立起的专利壁垒导致了国内相关行业对于其技术采纳和利用方面的阻碍。

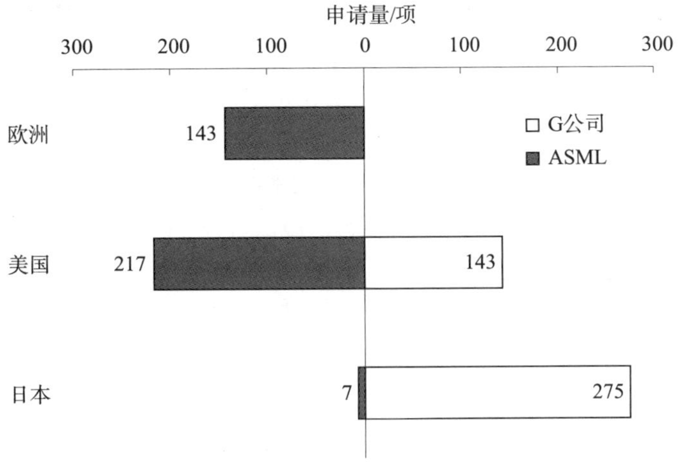

图 4-2-20 G 公司与 ASML 公司 EUV 光源技术分支领域专利主要原创国家/地区比较

进一步对 EUV 光源技术分支领域的部分下一级技术分支中的专利申请进行分析，结果如图 4-2-22 所示，在提高转换效率技术分支领域中，G 公司和 ASML 的申请量比较接近；在减少污染技术分支领域中，G 公司的申请量较 ASML 相比稍少，但相差不大。值得关注的是，虽然从 EUV 光源技术分支领域整体来看 ASML 的优势更为明显，但具体到提高稳定性技术分支领域，G 公司的申请量明显多于 ASML，是 ASML 的 2 倍多。可以认为 G 公司将主要的研发精力投入在提高稳定性方面，G 公司的这一特点使得其为国内创新主体寻找合作机会或者技术借鉴方面提供了一个契机。

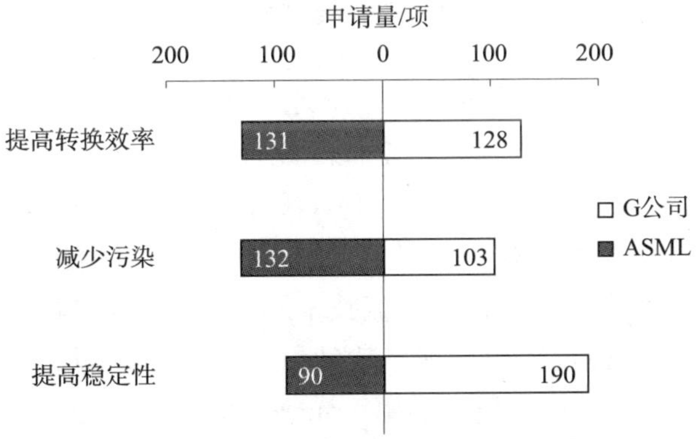

图 4-2-22 G 公司与 ASML 公司 EUV 光源技术分支领域部分三级技术分支领域申请量比较

通过统计 G 公司的重点专利以及分析这些重点专利，可以得出：G 公司不仅在提高稳定性方面申请量大，其重点专利布局也同样向提高稳定性方面倾斜。提高转换效率方面，其技术改进的主要方向在于用于产生等离子体的激光脉冲的参数调节以及滤光器的设计方面。减少污染方面，其技术改进的主要方向是通入气体以减少碎屑在腔室内的堆积，此外，对于通过对激光产生装置的改进以减少碎屑的产生也有所涉及。提高稳定性方面，其着重改进的方面在于对产生激光的焦点、能量、分布等相关参数的优化。

综合上述分析可知，G公司对于激光产生装置的研发能力十分强大，而且作为准分子激光机在全球市场上的重要供货商，其EUV光源装置走向市场化的前景比较光明。

图4－2－23所示为G公司在EUV光源技术分支部分三级技术分支中的重要专利申请量。G公司近几年着力于准分子激光器EUV光源的研发，这与ASML目前主要采用CO_2激光器以及“Nd：YAG”激光器EUV光源（例如：公开号为US20070291350A1、US20080149862A1、US20120286176A1、US20150189728A1、US9778022B1、US8809823B1、US20170311429A1的专利文献）不同，也就是说，在EUV光源方面，G公司采取了与ASML不同的技术路线，这也有利于绕过ASML的专利壁垒，开辟新的专利布局态势。

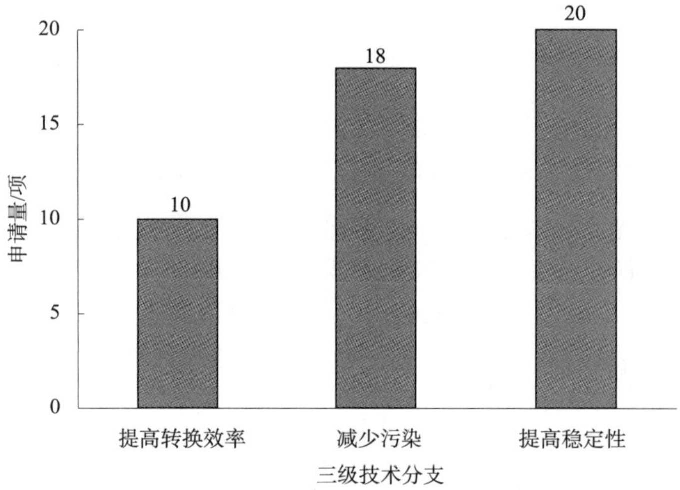

图4－2－23　G公司EUV光源技术分支领域部分三级技术分支领域重要专利申请量

通过统计2016～2020年G公司在部分分支的申请量（参见图4－2－24），可以得出：G公司的技术研发重点仍是提高稳定性。此外，关于EUV光源技术分支领域，G公司在中国布局的专利很少，其中一件（CN110383175A，优先权日是2017年4月26日）专利申请公开的技术方案是：通过电子加速器输出自由电子束，进而产生EUV光。该方案与目前EUV光刻机采用的主流技术原理LPP并不相同，而且业界公认自由电子束产生EUV光源的装置体积庞大，功耗巨大，造价昂贵，并不适用于光刻机中EUV光源的产生。因此，从中国研发适用于光刻机的EUV光源的角度看，G公司涉及LPP技术原理的专利技术或可以为中国相关研发人员所用。

根据目前G公司产品在我国市场上的占有率（浸没式光刻ArF激光器具有70%的中国市场份额），可见G公司与我国的用户建立了良好的供需关系；而且，近些年G公司在中国成立了新的公司Gigaphoton China Inc.，并作为G公司控股公司小松的地区总部，即小松（中国）投资有限公司（Komatsu China Ltd.）的子公司，可见，G公司十

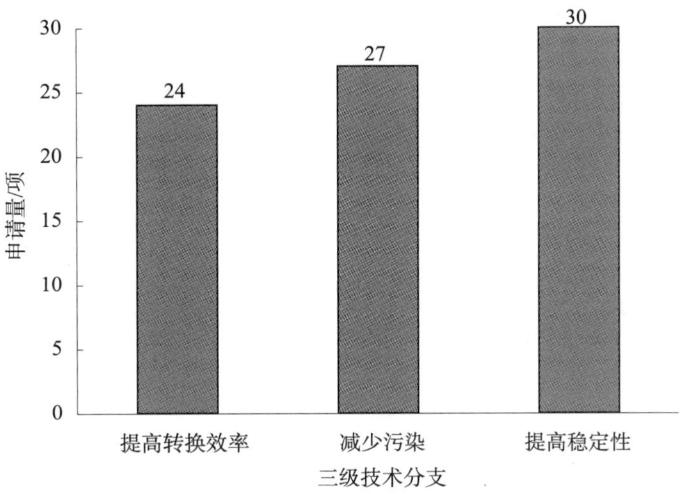

图 4－2－24　G 公司 2016～2020 年 EUV 光源技术分支领域部分三级技术分支领域申请量

分看重中国市场，其倾向于在中国建立更广阔的销售网络，甚至与相关客户展开深度合作。虽然 G 公司关于 EUV 光源的专利在中国几乎没有布局，但是不排除其后续几年在中国进行快速布局的可能。此外，G 公司的母公司是小松，这是一家成立于 1921 年的公司，与中国的贸易往来已经有 60 多年的历史，而且，由于 G 公司对于中国市场十分重视，因此，G 公司的 EUV 光源如果能够量产，不排除其供货给中国市场的可能，甚至可以展开相关技术合作，这都是值得期待的事情。

图 4－2－25 所示为 G 公司在 EUV 光源领域的技术路线。对 G 公司的专利申请进行分析后发现，该公司近几年着力于准分子激光器 EUV 光源的研发，将准分子激光器作为 EUV 辅助光源或者主光源，有利于提高光源的出光稳定性。这与上文中提及的 G 公司将研究重点集中在提高稳定性技术分支领域这一点相呼应，也进一步表明，近年来，G 公司以准分子激光器的开发作为其提高 EUV 光源稳定性的主要手段，而且预期此开发将会成为其接下来的重点研究方向。这与 ASML 目前主要采用 CO_2 激光器以及“Nd：YAG”激光器 EUV 光源不同，可见，G 公司开辟了另外一条研究道路。传统主流观点认为，作为准分子激光器的主要类型之一，ArF 准分子激光器仅能作为 DUV 光源，一旦进入 EUV 波段，其将难以实现目的。从对 G 公司的相关专利分析中发现，该公司在准分子激光器 EUV 光源相关专利中并未提及其采用的准分子材料究竟是 ArF 还是其他类型，分析有两方面的原因。一方面，激光器中所采用的准分子材料已经是领域内公知的，该领域技术人员熟知各准分子材料的类型和特性，因此专利文献中便不再赘述。从现有专利文献中也能看出，G 公司对准分子激光器做出改进以适用于 EUV，改进方向大多在激光器的结构层面。另一方面，G 公司或许发现了 ArF 以外的新的准分子材料适于产生 EUV，而该材料并不适宜写进目前的专利文献或者已经存在于其他的专利文献中，因此，在目前 G 公司的相关专利文献中隐去了该准分子材料的具体类型，仅仅以“准分子”这一上位概念概括表述。通过相关的检索，目前暂未发现新型

准分子材料作为EUV光源激光器的应用等相关的专利文献，但这并不代表一定没有发现能够适用于EUV光刻机的新型准分子材料，毕竟相关专利文献有可能还未公开，或者通过其他形式（例如技术秘密等）进行了保护。进一步对G公司的EUV光源相关专利文献进行分析后发现，这些专利申请在提高稳定性技术分支中占比最高，且G公司将准分子激光器应用于EUV光源的主要目的也是提高稳定性。由此可见，不论是发现了新型准分子材料还是对传统准分子激光器的结构等方面进行改进，如何提高光源稳定性都是研究重点和需要克服的难点。

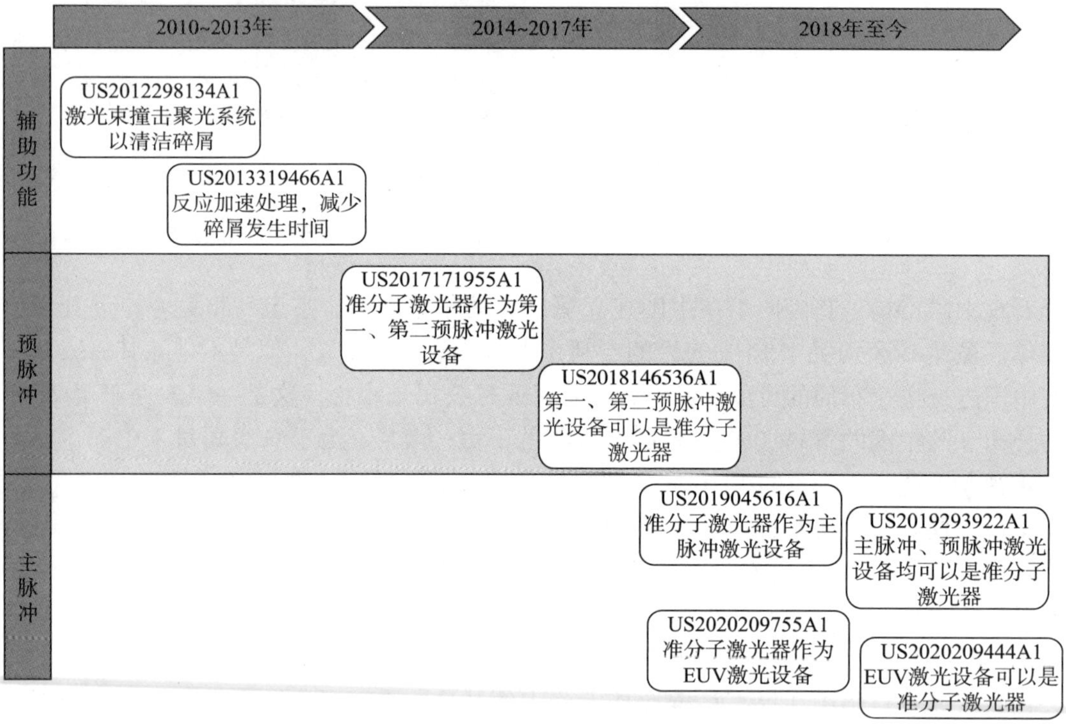

图4-2-25　G公司的EUV光源技术路线

4.3　技术路线分析

EUV光源系统是EUV光刻机的核心技术之一。EUV光源的产生一般有四种方式：同步辐射源、LPP、DPP和LDP。目前，由于LPP产生的光源较为稳定，且不需要过于复杂和庞大的装置构造以及极其高昂的造价，因此其被用于大规模工业生产中。针对EUV光源目前存在的问题，将EUV光源技术分支领域分为三个方面：①提高转换效率；②减少污染；③提高稳定性。

4.3.1　提高转换效率

图4-3-1所示是提高转换效率技术分支的技术路线。通过对提高转换效率这一技术分支领域的技术发展脉络进行梳理，其涉及的重点专利技术主要包括以下内容。

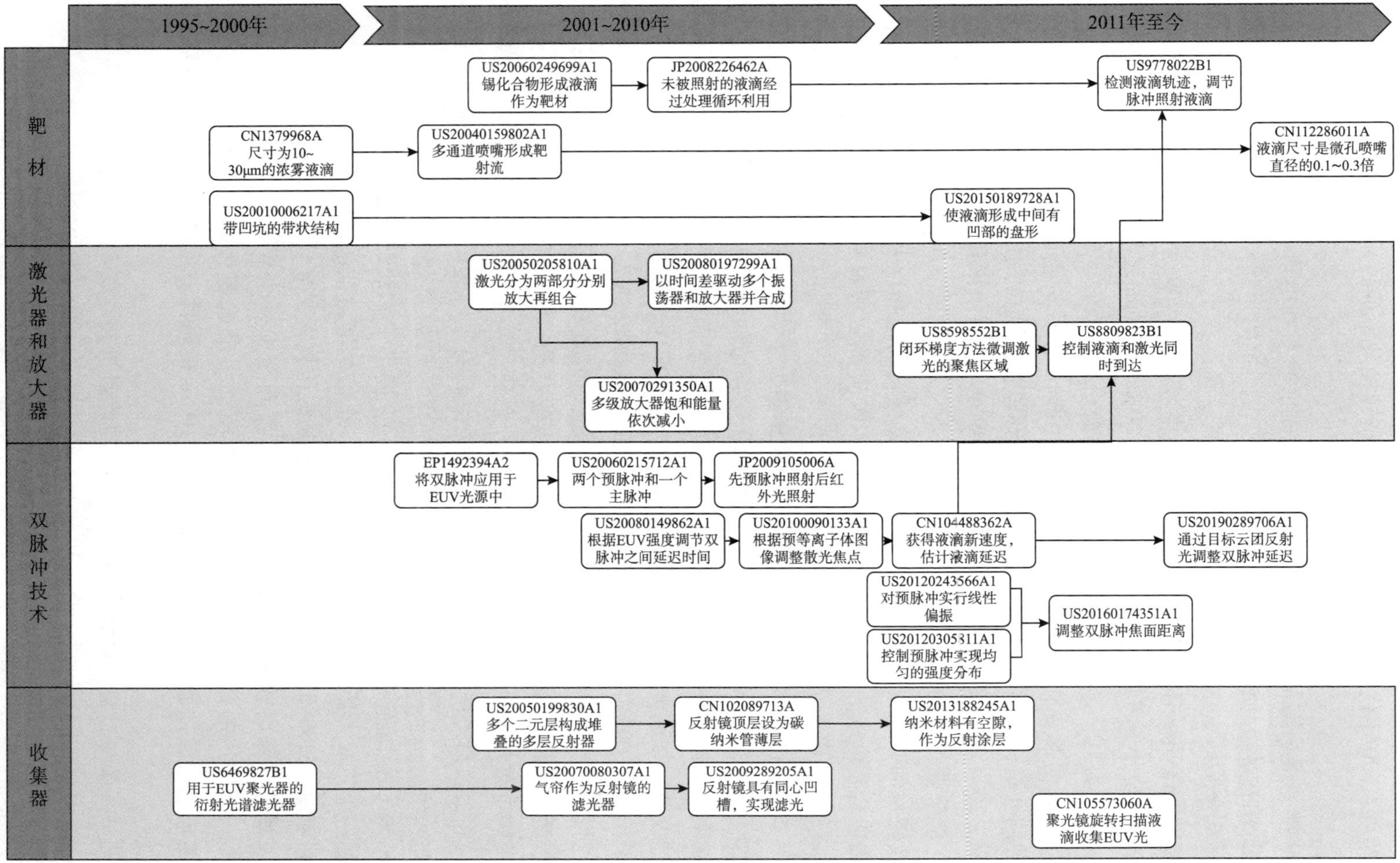

图4-3-1 提高转换效率技术分支领域的技术路线

4.3.1.1 技术发展初期——注重靶材改进

从20世纪90年代开始至21世纪初，提高转换效率的技术手段主要集中在靶材的改进上。

1999年（最早优先权日，下同）在美国提出的专利申请US2001006217A1公开了在作为靶材的固体介质上设计凹形形状，形成带凹坑的带状结构，激光束入射在凹形部分上，从介质释放并即将形成等离子体的颗粒聚焦在小区域中，从而获得较高密度和较高温度的等离子体，使EUV辐射输出显著增加。1999年在中国提出的专利申请CN1379968A公开了将加压的液体注入直径在20μm和1mm之间的喷嘴内，在喷嘴出口区域产生尺寸为10～30μm的浓雾液滴，从而获得高转换效率的靶材。

2003年，美国专利申请US20040159802A1提出采用多通道喷嘴，多通道喷嘴具有多个单独的孔口，从而产生多个靶射流，激光束同时照射靶射流，进而增强EUV光的转换效率。2004年，美国专利申请US20060249699A1提出采用锡化合物形成的液滴作为靶材，能够获得高的转换效率。

涉及靶材的改进在经历了对固体、液体等材料的选择以及相应的喷嘴设计后，最终采用锡化合物形成的微米级液滴作为激发EUV光的目标材料，而这一技术目前已被应用于规模化的EUV光刻机设备生产中。

4.3.1.2 21世纪前十年——关注激光源、收集器

从20世纪末到2008年，EUV光源技术分支领域的专利申请数量显著增多，在提高转换效率这一技术分支领域，靶材的改进进入瓶颈期，而激光源、收集器等技术的研发日趋成熟，并逐步形成了更适宜大规模生产的EUV光源系统。

关于靶材，2007年在日本提出的专利申请JP2008226462A公开了未被激光照射的液滴通过目标物质收集部进入目标物质纯化槽内，经过处理使液滴能够循环利用。

关于激光器和放大器，2004年在美国提出的专利申请US20050205810A1公开了通过选择机构将激光脉冲分为两部分，两部分分别通过功率放大器进行放大，之后通过组合机构将放大后的两部分光束组合，组合光束具有足够短的脉冲持续时间进而能够提高转换效率。

2006年，美国专利申请US20070291350A1提出了多级放大器，第一放大器、第二放大器、第三放大器的饱和能量依次减小，小信号增益依次增大。2007年在美国提出的专利申请US20080197299A1公开了多个振荡和放大激光器装置，每个振荡和放大激光器装置具有输出脉冲激光束的振荡激光器和至少一个放大器，放大器放大从振荡激光器设备输出的脉冲激光束，以时间差驱动多个振荡和放大激光器装置并合成从该装置输出的脉冲激光束，可以获得大约100ns的脉冲宽度和80mJ能量的单脉冲激光束。

可见，在这一时期，对激光器和放大器的改进着重于结构方面的设计，专利申请人期望通过对结构的改进进一步缩短脉冲时间并提高脉冲激光的能量。

关于双脉冲，2003年在欧洲提出的专利申请EP1492394A2公开了将双脉冲技术应用于EUV光源中，预脉冲在目标区域中产生弱等离子体，主脉冲在预脉冲之后照射目

标区域，产生 EUV 光源，使 EUV 的转换效率更高。

2005 年在美国提出的专利申请 US20060215712A1 公开了采用三个激光脉冲，第一预脉冲用于降低靶密度，使靶开始膨胀，第二预脉冲用于重新电离在膨胀期间重新组合并至少部分中和的靶，进而重新生成雪崩电离所需的自由电子，主脉冲立即跟随第二预脉冲，进一步电离靶，触发有效的雪崩电离，进而使等离子体产生 EUV 辐射。

2006 年，美国专利申请 US20080149862A1 公开了预脉冲参数控制器，根据测量仪器测量的 EUV 输出的强度信号，对预脉冲能量以及预脉冲与主脉冲之间的延迟时间进行调整。

2007 年，日本专利申请 JP2009105006A 提出采用预脉冲激光束照射锡或锡化合物制成的靶材形成具有特定离子密度的等离子体，之后采用红外光区域的主脉冲激光束照射上述等离子体，可以获得比以前更高的转换效率，转换效率高达 6% ~8%。2008 年，美国专利申请 US20100090133A1 公开了获取预等离子体的发光图像，根据图像分析预等离子体的发光位置，进而调整预脉冲激光的焦点位置。

从上述专利可以看出，随着双脉冲技术在 21 世纪之初被提出，21 世纪的前十年中，专利申请人更希望设计出更多形式的预脉冲和主脉冲以提高转换效率，例如选取多个预脉冲，选取其他波长的光作为主脉冲；随着研究的深入，专利申请人开始关注在经典的双脉冲技术中，如何更精确地控制预脉冲和主脉冲之间的延迟时间。

关于收集器，2004 年在美国提出的专利申请 US20050199830A1 公开了堆叠的多层反射器，包括多个二元层，每个二元层由吸收层（例如钼层）和间隔层（例如硅层）构成，可以减少二元层界面处硅化合物的形成，从而保持更清晰的多层边界，产生更高的反射率和更好的热稳定性。2008 年，在中国提出的专利申请 CN102089713A 公开了多层反射镜的顶层是定向碳纳米管薄层，具有 10 ~500nm 范围的薄层厚度，在用 EUV 辐射垂直照射的条件下对波长范围为 1 ~20nm 的 EUV 辐射具有至少 20% 的透射率。

收集器收集等离子体辐射的 EUV 光时，通常需要设计滤光器，用于滤除多余的光谱，例如：美国专利 US6469827B1 在 1998 年提出了用于 EUV 聚光器的衍射光谱滤光器，滤光器为衍射光栅，能够滤除多余的光谱；2005 年，美国专利申请 US20070080307A1 公开了一种新的过滤单元，该过滤单元具有一个气帘，气帘包括至少一种快速流动的气体，该气体能够吸收 EUV 辐射之外的其余波长的光谱；而在 2008 年，美国专利申请 US2009289205A1 公开了一种 EUV 反射镜，其具有多层反射表面，多层反射表面具有凹槽，凹槽以同心方式布置，被配置为衍射波长与来自激光器的激光的波长相同的光，实现了将其余光谱滤除的效果，而不再需要单独设置滤光器。

这一时期，对收集器的改进主要在于材料的选择和层结构的设计。而且，由于收集器反射的 EUV 光中可能存在不需要的光谱，则为了既能有效滤除光谱，又能不增加 EUV 光源设备的体积，在收集器处设计滤光器也是这一时期对收集器的主要设计方向。

4.3.1.3 近十余年——各部件得到充分发展

经历了 2009 年申请量的低潮期，从 2010 年开始，提高转换效率技术分支领域的申请量持续走高；随着各种技术手段的日臻完善，专利申请逐步进入精细化控制调节的新阶段。

靶材方面，2013年在美国提出的专利申请US20150189728A1公开了控制液滴形成的形状，例如形成盘形，且其中具有凹部，放大光束在目标区域照射液滴产生等离子体，等离子体被限制在凹部中，进而生成更多的EUV光。2016年在美国提出的专利US9778022B1公开了精确检测液滴的移动轨迹，如果移动轨迹在可接受范围之外，则调节辐射脉冲的特性，以准确地照射液滴。2020年，中国专利申请CN112286011A公开了利用瑞利失稳原理产生液滴，通过喷嘴微孔获得极小尺寸的靶滴，进而提高激光轰击靶滴的能量转化效率。

近年来，靶材的改进主要涉及对形状、轨迹、尺寸的微调，以期通过这些改进使转换效率有进一步的提升。

激光器和放大器方面，2012年，在美国提出的专利US8598552B1公开了激光束的调节方法，该方法使用闭环梯度过程来实时跟踪和微调激光束，使激光束聚焦到目标区域，进而优化EUV光源系统。美国专利US8809823B1于2013年公开了一种调节液滴定时和轨迹方向的系统，控制器获取液滴的轨迹，并通过致动器调节液滴发生器的取向将液滴引导至照射部位，控制器还获取液滴的速度以及激光脉冲的产生时间，进而控制液滴与激光脉冲同时到达照射位置。

随着激光器和放大器结构设计的日益成熟，近年来激光器的研发重点在于激光光束的聚焦位置控制上。

收集器方面，美国专利申请US2013188245A1在2012年提出在反射镜上设置反射涂层，反射涂层为纳米材料，材料内部具有多个空隙，空隙具有0.01～250nm的尺寸，该反射镜对于波长0.01～250nm的入射光的反射率提高至大于70%。2014年，中国专利申请CN105573060A公开了一种聚光镜，该聚光镜能够旋转地扫描液滴并收集由不同液滴的轰击产生的辐射EUV光，提高了EUV光源的转换效率。

收集器的技术改进重点仍然是材料的设计，不过新兴的收集器结构设计方式也开始逐渐成为专利申请人的关注点。

双脉冲技术是近年来专利改进的重点方向，主要改进有：2012年，在美国申请的专利US20120243566A1公开了在第一预脉冲激光束的光束路径中设置偏振转换器，对第一预脉冲激光束实行线性偏振，线性偏振度为0～30%，进而改善随后发射的脉冲激光束的能量吸收率。同年，在美国申请的专利US20120305811A1公开了强度分布控制光学系统，用于控制预脉冲激光束的强度分布，使得预脉冲激光束在照射靶材的最大横截面中具有均匀的强度分布区域，最大横截面垂直于预脉冲激光束的行进路径，且均匀的强度分布区域的面积大于靶材的最大横截面的面积。2012年，在中国申请的专利CN104488362A公开了采用预脉冲照射液滴，测量或模拟离子的数量和在下一个接近的液滴的方向上发射的离子的能量谱，计算出离子碰撞下一个液滴的冲击力，从而获得下一个到达的液滴的新速度，基于发射的EUV能量、发射的离子的数量、测量的与EUV能量成正比例的关系，计算对于下一个液滴的估计的延迟，进而调节预脉冲和主脉冲的照射时间。2014年，美国专利申请US20160174351A1公开了在激光光源系统中，通过调节可变半径反射镜的曲率半径，调整预脉冲焦面与主脉冲焦面之间的距离，进而提高转换效率的稳定性。2017年，美国专利申请US20190289706A1公开了预脉冲辐射目标液滴产生目标云雾团，主脉冲辐射目标云雾团产生发射EUV辐射的等离子体，采用两个激光束照射目标云雾团，监视器监测从目标云雾团的不同区域反射的两个激光束，计算两个反射激光束的延迟，进而获得目标云雾团的速度，基于该速度，调整预脉冲的能阶以及主脉冲和预脉冲之间的延迟。

双脉冲技术作为激光器技术的延伸，对于脉冲光束本身的改进不容忽视。近年来，借助新的测量手段，不断提高脉冲光束的聚焦参数以及精准控制双脉冲之间的延迟时间，是专利申请人不断致力于其中的技术革新。

随着技术的不断更新换代，近几年来，新的EUV光源生成技术正在应运而生。例如：中国专利申请CN110944439A（2019年申请）和CN111741580A（2020年申请），分别公开了采用电子束流作环形运动并加速注入储存环，在储存环内通过激光调制产生EUV辐射，以及环形加速器中的电子束与激光脉冲对撞产生EUV光，调节电子束能量和激光脉冲频率产生不同波长和不同功率的EUV光。

从提高转换效率的技术发展路线可以看出，靶材、激光器和双脉冲技术对于转换效率的进一步提高都起到了至关重要的作用。未来，靶材形态、尺寸、轨迹的精准控制以及激光脉冲的聚焦位置、聚焦尺寸、聚焦能量的精细调节，都是重点发展的方向。

4.3.2 减少污染

EUV光的生成通常采用的方式是以高强度的脉冲激光作为驱动能源照射靶材，使靶材产生高温等离子体并辐射EUV光，在上述过程中，不可避免地产生碎屑，因此，EUV光源系统中需要解决的一个重要问题是：减少EUV光源中的碎屑。

作为EUV光源系统中的重要分支，专利技术申请量总体维持在较高的水平。通过专利文献的分析，减少EUV光源中的碎屑通常采用以下四个技术手段实现：靶材改进、气体和磁场改进、捕集器改进以及收集器改进。

图4－3－2所示为减少污染技术分支领域的技术路线。通过对减少污染这一技术分支的技术发展脉络进行梳理，其涉及的重点专利技术主要包括以下内容。

4.3.2.1 靶材

2001年，日本专利申请JP2003008124A公开了采用低密度的气体作为靶材，以减少碎片的产生。

2004年，美国专利申请US20060017026A1公开了在喷嘴上游布置有临时增加压力的装置，且围绕喷嘴布置有前腔室，用于在互作用腔室的上游产生准静态压力，进而防止目标材料逸出。同年，日本专利申请JP2006048978A中的液滴生成单元开口下方设计有液滴遮断单元，能在规定的时机使液滴的轨迹改变或者将液滴接收，防止污染腔室。

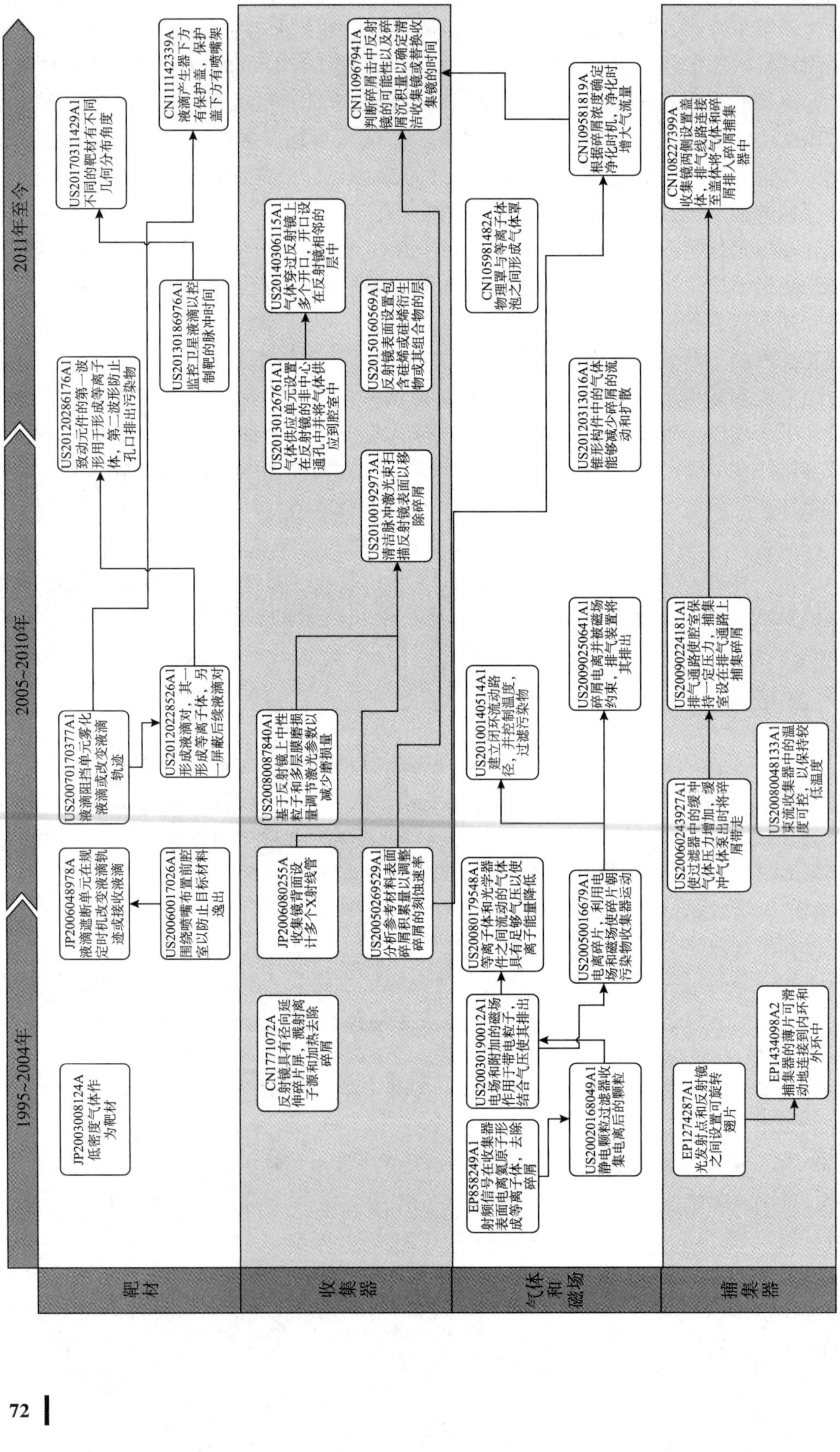

图 4-3-2　减少污染技术分支领域的技术路线

2006年，美国专利申请US20070170377A1公开了将液滴阻挡单元设在液滴产生腔室中雾化液滴或改变液滴轨迹，进而阻止液滴通过开口进入等离子产生腔室。

2007年，美国专利申请US20120228526A1公开了在喷嘴组件上设置可电致动元件，其产生多频干扰波形以形成液滴对，则一个液滴被照射形成等离子体时，另一个液滴屏蔽后续液滴对，使其免受碎片影响。

2011年，美国专利申请US20120286176A1公开了多个可电致动元件分别以第一波形和第二波形驱动喷嘴管并产生干扰流，第一波形用于产生EUV辐射的液滴，第二波形不同于第一波形，其用于从喷嘴管的孔口排出污染物。

2012年，美国专利申请US20130186976A1公开了成像单元沿着目标的轨迹捕获预定区域的图像，并将图像数据输出到目标控制器，目标控制器确定图像中是否有卫星液滴生成，卫星液滴可能污染腔室内部的部件，目标控制器根据结果控制驱动靶生成器的脉冲电压的脉冲持续时间，以避免卫星液滴的产生。

2016年，美国专利申请US20170311429A1设计不同的目标材料具有不同的几何分布和不同的倾斜角度，并设计相应的激光束照射对应的目标材料，进而避免反射镜被污染。

2018年，中国专利申请CN111142339A公开了在液滴产生器下方设计保护盖，阻挡液滴落在反射镜表面，在保护盖下方设计喷嘴架，喷嘴架具有与反射镜内表面相同或相似的曲面形状，喷嘴架包括喷射单元和吸入单元，喷射单元向反射镜内表面喷射气体，吸入单元将反射镜内表面的污染物吸走。

从上述关于靶材的专利技术发展可以看出，由于靶材是产生碎屑污染的源头，则从源头开始治理是专利申请人的主要思路。因此，产生液滴的喷嘴装置、液滴行进过程中的阻挡装置等，都是技术改进的重点对象。

4.3.2.2　收集器

2003年，中国专利申请CN1771072A公开了反射镜包括椭圆镜以及沿径向延伸的碎片屏，碎片屏由多块薄板构成，采用溅射离子源和加热的方式去除反射镜表面的碎屑。

2004年，日本专利申请JP2006080255A公开了在收集镜背面设计多个X射线管，朝向收集镜前侧施加X射线，使碎片中的中性粒子被电离变成带电粒子，进而采用磁场将带电粒子捕获。同年，美国专利申请US20050269529A1公开了由于反射镜不同区域处具有不同的碎屑沉积速率，则设计参考材料，并使其具有接收与反射镜镜面的至少一个区域上基本相同量的碎屑积聚物的表面，分析参考材料表面的碎屑积累量并据此调整等离子蚀刻装置对碎屑的刻蚀速率。

2006年，美国专利申请US20080087840A1公开了基于反射镜损坏检测器的检测结果获得沉积在收集器镜的所述反射表面上的中性粒子的量，并且基于离子检测器的检测结果获得收集器镜的反射表面磨损掉的多层膜的量，进而据此调节从CO_2激光器辐射的激光束的脉冲宽度和/或能量，使得沉积在收集器镜的反射表面上的中性粒子的量不大于从收集器镜的反射表面磨损掉的多层膜的量。

2009年，美国专利申请US20100192973A1通过用清洁脉冲激光束扫描EUV收集器反射镜的反射表面，移除沉积在EUV收集器反射镜的反射表面上的碎屑。

2011年，美国专利申请US20130126761A1公开了收集器反射镜上具有第一通孔和第二通孔，第二通孔设置在反射镜中心处，激光束通过第二通孔，第一通孔设置在反射镜中心以外的区域，气体供应单元设置在第一通孔中并且被配置为将气体供应到腔室中。2012年，美国专利申请US20150160569A1公开了在反射镜上设置具有反射表面的层，层的材料包含硅烯或硅烯衍生物或其组合的物质，由于污染物黏附到硅烯的亲和力较小，则可以降低污染物积累到反射镜的速度。

2013年，美国专利申请US20140306115A1公开了在反射镜上设计多个开口，来自气体源的气体经过多个开口朝向碎片源并远离反射镜的方向流动，多个开口可以形成在与反射光学器件相邻的基本上透明的层中。

2018年，中国专利申请CN110967941A公开了通过照相机获得碎屑的位置、尺寸及速度，判断哪个碎屑将击中收集镜，并计算沉积于收集镜上的碎屑量，从而确定清洁收集镜或替换收集镜的时间。

在EUV光源系统中，收集器是直接受到碎屑污染的设备，而且碎屑污染将极大地影响收集器的寿命。从上述专利可以看出，收集器的改进着重于对刻蚀碎屑所采用的具体方式、具体结构以及刻蚀的相关参数的设计。

4.3.2.3 气体和磁场

1997年，欧洲专利申请EP858249A1公开了在EUV光源腔室中引入射频信号，且EUV光源腔室中具有氦气，射频信号在收集器表面形成受激He原子的局部电离等离子体，进而撞击收集器上的锂原子或锂化合物，使其远离收集器表面。

2001年，美国专利申请US20020168049A1公开了沿着EUV光束的路径并在等离子体区域外设置电离单元，用于电离沿上述路径的污染物颗粒，并设计静电颗粒过滤器以收集上述颗粒。

2002年，美国专利申请US20030190012A1公开了在等离子体辐射源的出口端安装电极，产生电场，气体入口和气体出口分别连接正负电极；电场和附加的磁场作用于带电粒子，改变其运动方向，气体入口和气体出口之间的压降使带电粒子加速向气体出口运动，进而排出EUV光源系统。2003年，美国专利申请US20080179548A1公开了在等离子体和光学器件之间流动的气体具有能够使离子到达光学器件之前离子能量降低到100eV以下的气体压力。

2003年，美国专利申请US20050016679A1公开了在EUV源和反射镜之间设计污染物收集器，并产生相对低能量的次级等离子体，使碎片和氙原子电离，进而设计电场和磁场使颗粒更强烈地朝向污染物收集器运动。

2007年，美国专利申请US20100140514A1公开了在腔室外部设计外部导向管，用于建立闭环流动路径，泵、热交换器和过滤器设置在流动路径上，三者配合工作使气体流经该路径并控制腔室中的温度，且去除尘粒、蒸汽、金属尘等污染物。

2008年，美国专利申请US20090250641A1公开了激励单元激励由气体供应单元供应的气体，以在第一等离子体的区域周围产生第二等离子体，第二等离子体将碎屑电离并被磁场约束，继而采用排气单元将电离的碎屑喷射到腔室的外部。

2011年，美国专利申请US20120313016A1公开了在反射镜和光学器件之间形成锥形构件，锥形构件形成一定容积，锥形构件的小端朝向反射镜的孔设置，多个气体管线将气体从锥形构件的大端输出到容积中，锥形构件中的气体能够减少等离子体产生的碎屑在从照射部位朝向光学器件的方向上的流动/扩散。

2013年，中国专利申请CN105981482A公开了在靶材输送系统上的物理罩与初级等离子体形成的等离子体泡之间使气体横穿流动，进而形成气体罩，以避免光学器件的污染。

2017年，中国专利申请CN109581819A公开了测量得到光源腔室中的碎屑浓度，浓度超出上临界值时，停止光刻工艺执行净化操作，净化操作时将增大气流量，直至碎屑浓度小于下临界值。

不同的气体设置在EUV光源系统中，能够撞击碎屑减缓其运动速度，也能够产生化学反应进而使碎屑变为气体；磁场能够捕获碎屑。因此，专利申请人通常将气体和磁场都设计在EUV光源系统中，其技术改进的方向主要是气体和磁场的产生装置在EUV光源系统中的设计。

4.3.2.4 捕集器

2001年，欧洲专利申请EP1274287A1公开了在光发射点和反射镜之间设置可以旋转的翅片，翅片将碎屑吸引或捕获，减少反射镜的污染。

2002年，欧洲专利申请EP1434098A2公开了一种捕集器，捕集器的薄片可滑动地连接到内环和外环中，进而捕获碎片。

2005年，美国专利申请US20060243927A1公开了在等离子体和收集器的焦点之间设置碎片过滤器，过滤器在等离子体方向和辐射传播方向上产生流动阻力，从而使过滤器中的缓冲气体压力增加，真空泵将缓冲气体泵出时将碎屑带走，实现碎屑过滤效果的改善。

2006年，美国专利申请US20080048133A1公开了在腔室中设计束流收集器，用于接收从照射区域喷射的源材料，束流收集器设有温度控制系统，使收集的源材料的黏度足够低以便于将其输送到再循环系统，且能够避免源材料逸出腔室。

2008年，美国专利申请US20090224181A1公开了与腔室连通并连接到排气装置的排气通路，使腔室内部保持在一定压力；捕集室设置在排气通路中用于捕获碎屑；收集单元用于将捕获的碎屑收集到腔室之外。

2016年，中国专利申请CN108227399A公开了在收集镜两侧设置用于通气和收集碎屑的盖体，收集器和盖体之间的间隙通入气体，排气线路连接至盖体以接收气体和碎屑，碎屑捕集器连接至排气线路以接收和捕集碎屑。

捕集器通常设置在液滴发生器的下方，作为中间的媒介，主要用于收集碎屑，因此，对于捕集器的改进重点在于捕集器的内部结构、捕集器与气体通路的连接结构等，以利于碎屑尽可能地被捕集器捕获。

经过梳理分析可以得出，由于EUV光源系统不可避免地存在碎屑带来的污染，则解决EUV光源碎屑的问题将是未来持续关注的热点。由碎屑的来源以及碎屑带来的影响可知，改进源头即控制液滴的产生，以及改进易受污染的收集器的具体结构，都是减少污染的重要手段；此外，清除光源腔室中碎屑的技术手段——气体和磁场也是减少污染必不可少的重要手段。未来，气体和磁场的改进前景有待观察，但控制液滴和改进收集器仍将是改进的重要方向。

4.3.3 提高稳定性

对于EUV光源稳定性的技术改进，一般是在EUV光源能够应用于实践生产时为了优化EUV光源而做出的技术改进，因此，在21世纪之前，涉及改进EUV光源稳定性的技术方案较少。进入21世纪，随着EUV光源的转换效率得到进一步提升，EUV光源系统的稳定性问题也日渐凸显，因此，提高稳定性技术分支领域的相关技术方案也随之增多。对于改进EUV光源稳定性的技术手段，主要集中在靶材、激光束以及EUV光束输出等方面。由于靶材和激光束的同步性以及二者位置的对准对于EUV光源的稳定性会产生很大影响，因此，有大量的技术方案是基于靶材和激光束的同步性以及二者位置的对准进行改进的。

图4-3-3所示为提高稳定性技术分支领域的技术路线。通过对提高稳定性这一技术分支领域的技术发展脉络进行梳理，其涉及的重点专利技术主要包括以下内容。

4.3.3.1 靶材

2000年，美国专利申请US20020044629A1提出了通过控制喷嘴出口的温度以增加射流方向稳定性的技术方案，以此改善EUV光源的稳定性。

2005年，美国专利申请US20060192155A1公开了磁致伸缩或电致伸缩材料与目标液滴输送的毛细管或输出孔口配合，进而按需要的时间、间隔、尺寸等形成液滴，改善了液滴发生器的可靠性和稳定性。

2007年，中国专利申请CN101687102A将电致动元件设置在微滴源的出孔上，电致动元件能够产生两个特征频率，进而产生不同初速度的微滴，相邻的微滴在到达目标区域之前能合并在一起，进而提高微滴的稳定性。

2010年，美国专利申请US20110248191A1公开了安装在靶材传递系统末端的罩，且罩沿着靶材流的方向延伸，其横截面是半开口的环形或是其上有通孔的管形，罩屏蔽腔室中的气流，以保持液滴的稳定性。

2011年，美国专利申请US20120217422A1中设计导电屏蔽构件用于屏蔽目标发生器的非导电构件，使其免受带电粒子的影响，且导电屏蔽构件电连接到腔室的导电构件，进而减少沿着带电靶的轨迹的电位分布的波动，提高带电靶的位置稳定性。同年，美国专利申请US20130146682A1公开了在储存靶材的储存器和喷嘴板之间设计过滤器，过滤器具有供靶材穿过的多个通孔，过滤器防止颗粒进入喷嘴板中的第二通道，减少第二通道的堵塞或直径变化，进而稳定靶材的输出方向。

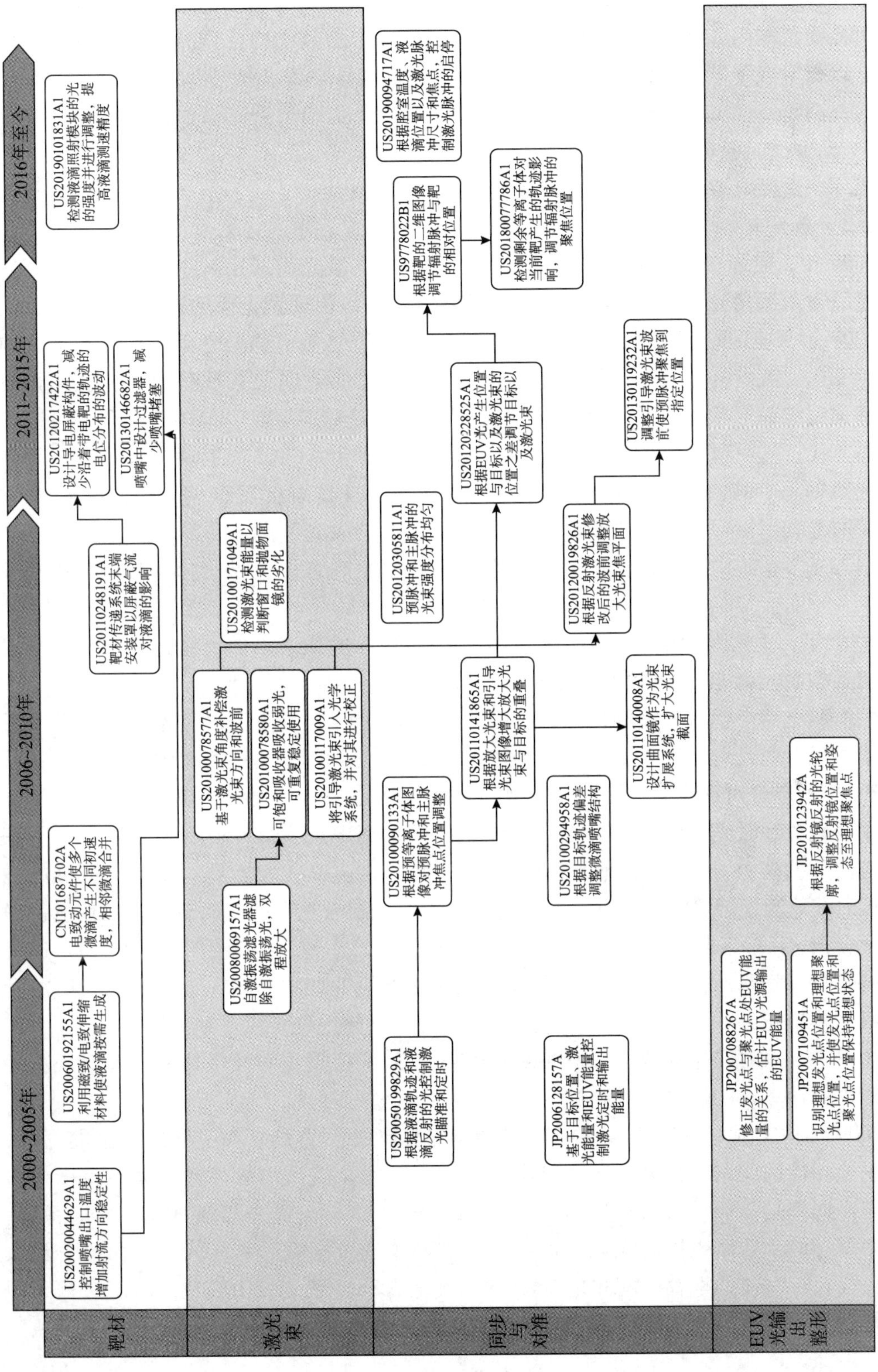

图 4－3－3　提高稳定性技术分支领域的技术路线

2017年，美国专利申请US20190101831A1公开了检测液滴照射模块的光的强度是否在可接受范围内，如果检测的光强度未介于可接受的范围内，调整液滴照射模块的参数，以提升或降低照射标靶液滴的光强度，进而提高液滴速度测量的精准度。

在提高稳定性方面，靶材仍是技术改进的重点。由于出液时液滴的不确定性将影响EUV光生成的稳定性，因此，专利申请人主要改进喷嘴的结构，使液滴在时间、间隔、尺寸、速度、方向等各个因素上都能够实现理想状态。

4.3.3.2 激光束

2006年，美国专利申请US20080069157A1中，在激光生成系统中设计自激振荡滤光器滤除自激振荡光，并设计放大器实现双程放大，以保证激光束的稳定输出。

2008年，美国专利申请US20100078577A1采用传感器检测激光束的角度及其波前曲率的变化，波前补偿控制器基于上述信息将激光束的方向及其波前形状补偿到预定方向和预定波前形状。同样是2008年，美国专利申请US20100078580A1公开了可饱和吸收器单元，其可以吸收激光束中的自激振荡光、寄生振荡光或返回光等弱光，可饱和吸收器单元中的混合气体可以循环并重复利用，且其温度可以调节。同样是2008年，美国专利申请US20100117009A1公开了设计引导激光束沿着驱动脉冲激光束的光路被引入光学系统中，并且校正引导激光束的光学性能来稳定驱动脉冲激光束的光学性能。

2009年，美国专利申请US20100171049A1对扩散的激光束的能量进行检测，并根据检测到的激光束能量来判断激光束路径上窗口和抛物面镜的劣化。

根据激光器产生激光束的特点，在提高EUV光的稳定性方面，技术路线的发展重点在于避免振荡光对激光束的影响以及使激光能够按照预定形态稳定出光。

4.3.3.3 同步与对准

关于靶材和激光的同步和对准，2004年美国专利申请US20050199829A1公开了获得液滴轨迹的误差，根据上述误差信息控制液滴的轨迹以及激光器对于目标区域的瞄准，同时获取激光器照射液滴时反射出的光，进而控制激光器的定时触发，以使脉冲激光与液滴到达目标区域的时间同步。同样是2004年，日本专利申请JP2006128157A还公开了基于目标物质的位置、激光能量以及EUV光能量的相关信息，控制激光发射的动作时机和输出能量。

2008年，美国专利申请US20100090133A1公开了根据预等离子体的图像对预脉冲焦点和主脉冲焦点的位置进行调整。

2009年，美国专利申请US20110141865A1获取放大激光束和引导激光束的图像，分析上述图像进而调节光束传递系统中的部件，以优化或增加放大激光束与目标材料的重叠。同样是2009年，美国专利申请US20110140008A1进一步改进光束传递系统，在其中设计两个曲面镜作为光束扩展系统，进而将光束横截面积扩大，从而改善放大激光束与目标材料的重叠。同样是2009年，美国专利申请US20100294958A1公开了根据目标轨迹的角度偏差值调整微滴的喷嘴结构，使微滴能够通过预定的激光束照射位置。

2010年，美国专利申请US20120019826A1公开了根据从目标材料反射的激光束的图像修改反射激光束的波前，根据修改后的反射激光束的图像调整放大光束的焦平面相对于目标材料的位置。2010年，美国专利申请US20120305811A1设计预脉冲光束照射在目标区域上时，光束强度分布区域基本均匀，且其光束强度分布区域的直径大于微滴直径，主脉冲的光束强度分布区域在目标区域上同样被设计为均匀分布。

2011年，美国专利申请US20120228525A1公开了基于穿过等离子体产生区域的激光束的图像，获得EUV光产生位置与目标的位置之间的差以及EUV光产生位置与激光束的位置之间的差，进而调节目标位置以及激光束聚焦位置。同年，美国专利申请US20130119232A1获取引导激光束的图像，根据图像确定引导激光束的焦点位置从而调节引导激光束的波前，最终使预脉冲光束的焦点聚焦到指定位置。

2016年，美国专利申请US9778022B1公开了获取靶和诊断光探针之间相互作用而产生的光的二维图像，根据二维图像确定靶的移动性质，进而调节辐射脉冲与目前靶之间的相对定位。2016年，美国专利申请US20180077786A1公开了当前靶进入扩展靶区域时，由于存在先前辐射脉冲与先前靶之间相互作用形成的等离子体，该等离子体对当前靶产生后推力，因此检测当前靶的移动轨迹，移动轨迹偏差较大时，调节辐射脉冲的聚焦位置。

2017年，美国专利申请US20190094717A1公开了测量产生EUV光的腔室的温度、目标液滴的液滴位置以及激光脉冲的光束尺寸和焦点等工艺参数，至少根据上述两个工艺参数控制EUV光源系统是否停止提供激光脉冲。

液滴与激光的同步和对准，是EUV光源系统能够稳定产生EUV光的基础。而液滴与激光的同步和对准也是设计难度较大的技术手段，专利申请人在这一技术手段上不断研发和创新，以同步误差、角度偏差、等离子体图像、激光束图像等作为测量或分析手段，寻求激光与液滴在时间和空间上的精确同步和对准。

4.3.3.4 EUV光输出整形

关于EUV光输出整形方面，2005年，日本专利申请JP2007088267A公开了随时修正发光点处的EUV能量的测量值和聚光点处的EUV能量的测量值之间的关系，根据该关系和发光点处的EUV能量的测量值，估计出从EUV光源装置输出的EUV能量。同样是2005年，日本专利申请JP2007109451A公开了控制系统识别理想的发光点的位置以及理想的聚光点的位置，以使发光点的位置以及聚光点的位置在空间上基本保持理想的状态。

2008年，日本专利申请JP2010123942A通过检测EUV收集器反射镜反射光的轮廓，调整EUV收集器反射镜的位置和姿态，使其聚焦点位于理想聚焦点。

EUV光经过收集器反射后是否能够达到一定的能量值，是否能够聚焦在理想聚焦点，也是EUV光稳定输出的重要环节。专利申请人利用测量手段和控制手段以期实现高能量的EUV光输出和理想的聚焦位置。

经过梳理分析可以得出，由于EUV光源系统需要各个部件的精密配合，因此提高

EUV光源的稳定性仍是EUV光源系统中的重点问题，而其中靶材以及靶材和激光束的同步与对准，是解决该问题的主要技术手段；未来，对靶材的稳定输出、将靶材和激光束进行更精确的同步以及位置对准，仍是提高稳定性的重要的改进方向。此外，收集器的改进有可能后来居上，成为解决该问题的新的重要手段。

4.4 重要专利技术介绍

对EUV光源的技术路线进行梳理之后，为了对EUV光源的专利技术进行进一步深入的分析理解，考虑专利文献的施引数量、重要申请人引用专利的情况以及同族专利数量等多个因素，从EUV光源的专利检索结果中挑选出多个重点专利技术，进行重点分析和解读。

根据EUV光源的技术特点，重点专利仍然从提高转换效率、减少污染、提高稳定性这三个方面进行分析。

对于第一技术分支领域提高转换效率，靶材、激光源、收集器、双脉冲等技术手段是提高EUV光源转换效率的重要技术手段，重点专利着重在靶材的喷嘴、靶材的形态、靶材的出液控制、激光的参数、放大器的组合、激光的出光控制、收集器的材料和具体结构、双脉冲的延迟和脉冲参数等方面进行改进。

对于第二技术分支领域减少污染，靶材、收集器、气体和磁场、捕集器等技术手段是EUV光源产生的污染的重要技术手段，重点专利着重在靶材喷嘴结构、收集器附加结构、产生气体和磁场的结构、捕捉器的结构等方面进行改进。

对于第三技术分支领域提高稳定性，靶材、激光束、同步与对准、EUV光输出整形等技术手段是提高EUV光源稳定性的重要技术手段，重点专利着重在靶材的时间和方向控制、激光的补偿和校正、靶材和激光的同步与对准、聚焦点的调整等方面进行改进。

具体的重要专利的主要内容及相应著录项信息可参见本报告的附录2“EUV光刻机重要专利列表”中的“EUV光源提高转换效率”“减少EUV光源污染”“提高EUV光源稳定性”“准分子激光器用于EUV光源”。

4.5 全球科技文献情报分析

4.5.1 EUV光源提高转换效率

在科技文献Web of Science平台中，追踪ASML和荷兰相关大学所发表的、主题为EUV光源的科技文献，发现2019~2021年，对于EUV光源转换效率方面的研究主要集中在驱动激光器的参数选取上，包括预脉冲的持续时间、激光波长、激光能量等；具体包括如表4-5-1列出的科技论文。

表4-5-1所列出的EUV光源提高转换效率技术分支领域相关的科技论文均为荷兰

的荷兰纳米光刻高级研究中心（Advanced Research Center for Nanolithography，ARCNL）联合其他几所荷兰大学所做的研究。

表4-5-1 EUV光源提高转换效率技术分支领域相关的科技论文

编号	文章标题	作者	发表时间	主要内容
1	*Characterization of Angularly Resolved EUV Emission from 2 - mum - Wavelength Laser - Driven Sn Plasmas Using Preformed Liquid Disk Targets*	R. Schupp et al.	2021年	主激光器采用2μm波长的固态激光器相比于采用1μm波长，能够提高转换效率，且转换效率的提高与激光强度、脉冲时间无关
2	*Characterization of 1 - and 2 - mum - Wavelength Laser - Produced Microdroplet - Tin Plasma for Generating Extreme - Ultraviolet Light*	R. Schupp et al.	2021年	主激光器采用2μm波长的固态激光器相比于采用1μm波长，等离子体密度降低，转换效率提高。未来可研究2~10μm波长的主激光器
3	*Laser - Impact - Induced Splashing: an Analysis of the Splash Crown Evolution After Nd: YAG ns - Pulselaser Impact on a Liquid Tin Pool*	J. Hermens et al.	2021年	双脉冲：1μm波长的固态激光器照射液态锡滴所引起的冠状溅射现象，溅射的产生影响EUV光的转换效率和碎屑的产生
4	*Laser - Induced Vaporization of a Stretching Sheet of Liquid Tin*	Bo Liu et al.	2021年	双脉冲：预脉冲的能量提高，则液滴利用率提高，相应地转换效率提高，同时碎片量也减小
5	*Spectroscopic Investigations of YAG - Laser - Driven Microdroplet - Tin Plasma Sources of Extreme Ultraviolet Radiation For Nanolithography*	O. Versolato et al.	2019年	双脉冲：主激光器采用1μm波长的Nd：YAG固态激光器时，采用激光光斑尺寸与液滴尺寸接近的主激光，能够提高转换效率
6	*Efficient Generation of Extreme Ultraviolet Light From Nd: YAG - Driven Microdroplet - Tin Plasma*	R. Schupp et al.	2019年	主激光器采用1μm波长的“Nd：YAG”固态激光器时，采用激光光斑尺寸与液滴尺寸接近的主激光，能够提高转换效率

其中较为突出的是R. Schupp团队进行的双脉冲驱动方面的研究。该团队于2019年7月8日发表的论文中，提出主激光器采用1μm波长的“Nd：YAG”固态激光器

时，采用激光光斑尺寸与液滴尺寸接近的主激光，能够提高转换效率；于2021年2月28日发表的论文中指出1μm波长的固态激光器照射液态锡滴所引起的冠状溅射现象，溅射的产生影响EUV光的转换效率、碎屑的产生等，发现溅射与照射激光的能量线性相关，而与光斑大小无关；于2021年2月28日发表的论文中指出，双脉冲激光驱动方式中，预脉冲的能量提高，则液滴利用率提高，且碎片量减小；而后于2021年6月28日发表的论文中，又提出主激光器采用2μm波长的固态激光器相比于采用1μm波长，能够提高转换效率，且转换效率的提高与激光强度、脉冲时间无关。

该团队有2件关于双脉冲驱动的专利申请，分别为WO2020148069A1和WO2019166164A1，其中，WO2020148069A1的申请日为2019年12月19日，公开日为2020年7月23日，内容涉及主激光器采用2μm波长的固态激光器（内容对应于表4-5-1中的科技论文1）；WO2019166164A1的申请日为2019年1月28日，公开日为2019年9月6日，内容涉及调节预脉冲的偏振态。

进一步地，在Web of Science中对R. Schupp团队历年发表的论文以及论文年均施引量进行了统计，其中，论文年均施引量是指每年该作者发表的文章被引用的次数，次数越多，说明在该年此文章的行业影响力越大。如图4-5-1所示，该团队自2015年开始发表EUV光源方面的论文，除2016年外，每年均有相关论文发表，且自2018年开始论文数总体呈增加态势。该团队于2018~2020年所发表的论文的年均施引量分别为11、9和10，可见其在领域内比较受关注。

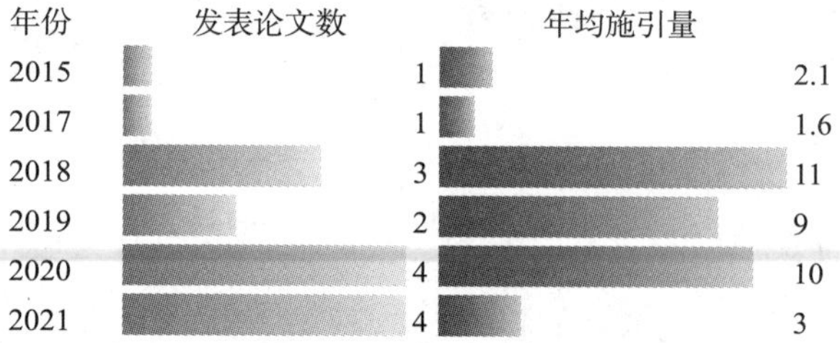

图4-5-1 R. Schupp团队论文情况

表4-5-1中第五篇论文的作者O. Versolato，其所在团队共有9篇相关专利申请，均涉及多层发射膜，其中与该论文对应的专利申请为NL2017602A，其申请日为2016年10月11日，公开日为2017年5月23日。

由此可见，相当多的研究人员在专利申请和科技论文两方面都有涉及，并且内容也有重复。

4.5.2 防止EUV光源污染

目前能够量产并实现工业化生产EUV光刻机的只有ASML一家企业，因此本节重点研究ASML在非专利文献中涉及EUV光源减少污染的相关学术文献，具体如表4-5-2所示。

表4-5-2 ASML防止EUV光源污染技术分支领域相关的科技文献文章

序号	文章标题	作者	发表时间	主要内容
1	*Mitigation of Surface Contamination from Resist Outgassing in EUV Lithography*	B. Mertens et. al.	2000年	气锁系统用于防止烃污染
2	*Electrostatic Mask Protection for Extreme Ultraviolet Lithography*	R. Moors et. al.	2002年	使用静电场保护掩模
3	*Progress in EUV Optics Lifetime Expectations*	B. Mertens et. al	2003年	通过提高真空度、覆盖氧化保护层、减缓碳生长以及对镜面清洗来延长光学器件的使用寿命
4	*Particle Cleaning of EUV Reticles*	Scaccabarozzi et al	2009年	用激光冲击波或高压清洁掩模表面
5	*Removal of Amorphous C and Sn on Mo：Si Multilayer Mirror Surface in Hydrogen Plasma and Afterglow*	O. V Braginsky et al	2012年	从多层反射镜表面去除无定形C和TiN膜
6	*Investigation of EUV Pellicle Feasibility*	Scaccabarozzi et al	2013年	抵抗颗粒物的物理屏障
7	*Detection and Characterization of Carbon Contamination on EUV Multilayer Mirrors*	Juequan Chen et al	2013年	用于监测EUV中多层镜上碳污染
8	*LPP EUV Source Readiness for NXE 3300B*	David C. Brandt et al	2014年	碎片抑制系统保持收集器多层涂层不受损坏并保持高反射率
9	*Debris Monitoring and Minimization System for EUV Sources*	Arjen T. De Jong et al	2015年	检测和量化光源中的碎片
10	*Lithographic Effects due to Particles on High NA EUV Mask Pellicle*	Lokesh Devaraj et al	2019年	薄膜顶部上的颗粒引起的对光刻效果的影响
11	*Advanced Particle Contamination Control in EUV Scanners*	Van de Kerkhof et al	2019年	提供在HVM-EUV的薄膜或无薄膜操作之间的选择自由度
12	*Understanding EUV-Induced Plasma and Application to Particle Contamination Control in EUV Scanners*	Van De Kerkhof et al	2020年	使用高级粒子污染控制的方法

续表

序号	文章标题	作者	发表时间	主要内容
13	*Carbon Nanotube Pellicles: Imaging Results of the First Full – Field Extreme Ultraviolet Exposures*	Joost Bekaert et al	2021 年	等离子体诱导的 < 1μm 粒子的释放和传输的基本机制
14	*CNT Pellicles: Imaging Results of the First Full – Field EUV Exposures*	Joost Bekaert et al	2021 年	采用碳纳米管（CNT）薄膜
15	*Particle Removal Tool to Clean Particles from EUV Reticles*	Kerkhof Van De et al	2021 年	采用碳纳米管（CNT）薄膜

早在 2000 年，ASML 就发表了 *Mitigation of Surface Contamination from Resist Outgassing in EUV Lithography*，介绍一种新的气锁系统用于防止烃污染。2002 年发表的 *Electrostatic mask Protection for Extreme Ultraviolet Lithography* 则是使用静电场保护掩模不受颗粒物的污染。

在 2003 年发表的 *Progress in EUV Optics Lifetime Expectations* 中指出，基本的污染和限制寿命的因素是碳生长和镜子的氧化，如果没有适当的措施，光学器件的寿命仅有几个小时；可以通过提高真空度、覆盖氧化保护层、减缓碳生长以及对镜面清洗来延长光学器件的使用寿命；多种去除污染的方式被开发和讨论。

2009 年发表的 *Particle Cleaning of EUV Reticles* 介绍了用激光冲击波或高压清洁掩模表面，相关技术在 2010 年被申请专利 WO2010149438A1.

2010 年发表的 *Sn Etching with Hydrogen Radicals to Clean EUV Optics* 介绍了使用氢自由基蚀刻去除 EUV 集光器表面的 Sn 污染，2012 年发表的 *Removal of Amorphous C and Sn on Mo: Si Multilayer Mirror Surface in Hydrogen Plasma and Afterglow* 介绍了从多层反射镜表面去除无定形 C 和 TiN 膜。早期认为由于 EUV 光极易被材料吸收，因此在 EUV 掩模板前不能设置阻挡颗粒污染物的保护薄膜。

2013 年开始研究一种用于 EUV 掩模板前方固定距离处的“EUV 薄膜”作为抵抗颗粒物的物理屏障，相关文章名为 *Investigation of EUV Pellicle Feasibility*，同年申请专利 WO2013152921A1。另外，还给出了一些污染监测手段，如 *Detection and Characterization of Carbon Contamination on EUV Multilayer Mirrors* 给出了两种用于监测 EUV 中多层镜上碳污染的技术。

2014 年，ASML 联合赛默，共同发表了 *LPP EUV Source Readiness for NXE 3300B*，对 NXE3300B 型号光刻机的 LPP 光源进行了系统的阐述和介绍。该文章被发表在第五届 EUV 光刻会议上，总结了 LPP EUV 源的开发进展和准备状态，呈现了光刻产品在当时的最新性能，包括用于高功率的前脉冲操作、用于长寿命和低拥有成本的集电极保护以及用于高产量的剂量稳定性；通过更大功率的驱动激光器和使用用于更高转换效率的预脉冲操作来提供增加的EUV功率；开发了先进的自动化和控制方法，以提供生产工厂操作期间所需的功率和能量稳定性性能；还讨论了预脉冲模式中收集器的寿命测试，并示出碎片抑制系统保持收集器多层涂层不受损坏并保持高反射率的能力。

2015年，ASML的Arjen T. De Jong等人在第六届EUV光刻会议上发表了*Debris Monitoring and Minimization System for EUV Sources*文章，利用新颖的计量技术的实验，可以检测和量化光源中的碎片，结果可用于优化光源设置以显著减少污染并增加寿命和可用性；使用具有光束成形光学器件的532nm脉冲双腔激光器，在EUV突发之后使同步的时间延迟被激发，光被转换成薄的光片，其照亮等离子体周围的直接区域中的可能的碎片，应用Mie散射理论将进入的单个粒子的强度转换成估计的直径，并且将两个帧与高级粒子跟踪算法相关联以捕获每个粒子的速度和方向，因为光强度用于颗粒尺寸确定，所以可以检测小的单个颗粒。该技术提供了颗粒计数、直径、方向和速度信息。文章显示该技术已经成功地被应用于操作NXE系列机型，已经被证明可以直接识别具有显著碎片减少的等离子体条件。

2019年，ASML在第35届欧洲掩膜光刻会议上发表了*Lithographic Effects Due to Particles on High NA EUV Mask Pellicle*，文章中研究了由位于高NA EUV扫描仪的薄膜顶部上的颗粒引起的对光刻效果的影响：使用最新的高NA EUV扫描仪投影设计模拟，考虑了最相关的光刻度量（临界尺寸的变化、归一化强度对数斜率、剂量灵敏度、非远心、图案偏移和掩模误差增强因子）；实验校准的模拟模型被用于预测作为颗粒尺寸的函数的颗粒透射；目标是设定用于生产表膜和清洁度检查的合理的（基于成像要求）最大颗粒尺寸规格；考虑了可能将在大批量制造中使用的一些掩模图案和源（使用情况）的集合；并进行与现有0.33 NA EUV仿真结果的比较。同年，ASML在第十届EUV光刻会议上发表了*Advanced Particle Contamination Control in EUV Scanners*，在“NXE：3400B”量产机型上，通过提出颗粒污染控制概念，ASML可以根据芯片设计、待曝光的层的其他细节和制造操作要求，为用户提供在HVM - EUV的薄膜或无薄膜操作之间的选择自由度。

2020年SPIE赞助的第11届EUV光刻会议上，ASML发表了在量产主力机型“NXE：3400B”中尝试使用高级粒子污染控制的方法和EUV诱发的等离子体的文章*Understanding EUV - induced Plasma and Application to Particle Contamination Control in EUV Scanners*。文章介绍了在高达250W的光源功率基础上，在理解和控制与EUV引起的等离子体有关的颗粒力方面的进展，使用模型和仿真与离线实验以及原位扫描仪测试相结合，对等离子体诱导的<1μm粒子的释放和传输的基本机制进行理解，能够将缺陷度水平控制到与亚10nm节点光刻的HVM要求相一致。

4.5.3 提高稳定性

在科技文献Web of Science平台中，追踪ASML和荷兰相关大学所发表的、主题为EUV光源的科技文献，发现2017～2021年其对于EUV光源稳定性方面的研究主要集中在靶材和激光束的同步性，即二者位置的对准，具体如表4-5-3所示。

表4－5－3所示的与提高稳定性相关的科技论文的第一作者均为荷兰的Twente大学的研究人员，其联合ASML、ARCNL等撰写。

表4－5－3　EUV光源提高稳定性技术分支领域相关的科技论文

编号	文章标题	作者	发表时间	主要内容
1	*Solidification of Liquid Metal Drops During Impact*	M. V. Gielen et al	2020年	研究了凝固对液态锡液滴撞击动力学的影响，凝固极大地改变了液滴扩散、不稳定性，影响液体的变形
2	*Drop Fragmentation by Laser－Pulse Impact*	Alexander L. Klein et al	2020年	实验验证激光与物质前期的相互作用如何影响后期的液滴碎裂，激光光束轮廓的不规则以及薄片厚度的不均匀性是影响液滴碎裂的主要因素
3	*Laser－to－Droplet Alignment Sensitivity Relevant for Laser－Produced Plasma Sources of Extreme Ultraviolet Light*	S. A. Reijers et al	2018年	实验验证激光和液滴的对准精度的重要性，预脉冲的未精确对准导致靶材形状不完美以及主脉冲从倾斜面的反射影响到激光稳定性
4	*Oblique Drop Impact onto a Deep Liquid Pool*	M. V. Gielen et al	2017年	通过斜向液滴撞击静止深液池的试验，验证液滴的倾斜角度对后续液滴变形的影响

其中较为突出的是S. A. Reijers团队进行的激光和液滴的对准方面的研究，该团队于2017年8月23日发表的文章中，通过斜向液滴撞击静止深液池的试验，验证了液滴的倾斜角度对后续液滴变形的影响；于2018年7月7日发表的文章中，实验验证了激光和液滴的对准精度的重要性——预脉冲的未精确对准导致靶材形状不完美以及主脉冲从倾斜面的反射影响到激光稳定性；后又于2020年6月25日发表的文章中，通过实验验证了激光与靶材的前期相互作用如何影响后期的液滴碎裂——激光光束轮廓的不规则以及薄片厚度的不均匀性是影响液滴碎裂的主要因素。

4.5.4　全球科技文献情报分析小结

科技文献相比于专利文献，其公开的技术更具前瞻性。从科技文献中可能获得在应用上还需时日，但在给出该领域技术发展趋势上有重要作用的情报。对近期重要的该领域科技文献进行分析发现：激发用激光器的改进以及双脉冲结构的相关文献被关注度较高。研究主体方面，ARCNL联合其他几所荷兰大学所作的研究较受关注，其中以2018～2020年发表的文献的受关注度最高。激光和液滴的对准方面的研究正在成为热点。

4.6 技术发展趋势预测

在前述的章节里，本报告在对EUV光源技术分支领域的专利数据进行统计分析的基础上，对专利技术按技术分支进行梳理整理，再辅助以全球科技文献数据，以期给出未来一段时间从专利角度看的技术发展趋势预测。

在对技术发展趋势进行预测时，主要考虑以下几个因素：每一技术分支的专利申请数量、科技文献数量；单件专利的年均施引专利计数、技术创新程度［（施引专利）/（引用专利+引用科技文献）］、年均施引专利权人计数、权利要求项数、DWPI同族数、科技文献被引用次数、科技文献的重要作者团队等。

其中，年均施引专利权人计数、技术创新程度和年均施引专利计数是重点关注的项目，这些专利指标代表了相关专利技术在所属领域内的被认可程度和普适性，其往往构成了技术发展脉络中的关键节点，甚至成为技术源头，对于技术创新发展具有很强的借鉴和引领作用。

另外，本报告的分析着重考虑了2017~2021年的专利和科技文献的研究重点，加大了这5年的专利和科技文献研究方向在判断未来技术发展趋势预测中的比重。

通过上述标准，将三个技术分支“EUV光源提高转换效率”“EUV光源防止污染”“EUV光源提高稳定性”所涉及的各技术手段进行了整理，如表4-6-1所示。

表4-6-1 EUV光源技术分支领域各技术手段及其定义

使用的技术手段	含义
靶材	被脉冲激光照射的液体材料，通常为液滴形态，多采用锡或锡的化合物作为靶材材料
激光器	用于照射靶材以产生等离子体并辐射出EUV光的器件，常用的有“Nd：YAG”激光器和CO_2激光器
双脉冲结构	采用具有一定延迟时间的两个脉冲激光分别照射靶材，包括预脉冲和主脉冲；“Nd：YAG”激光器常被用作预脉冲激光源，用于照射靶材产生预等离子体，CO_2激光器常被用作主脉冲激光源，用于对预等离子体进一步照射以产生等离子体并辐射出EUV光
放大器	将激光器发出的激光进行放大，以提高激光的功率
收集器	用于反射EUV光以输出EUV光至曝光系统；目前采用多层膜反射镜作为收集器
磁场	将生成等离子体时产生的带电离子碎屑捕获；中性原子碎屑与离子碰撞发生电荷交换成为带电离子而被磁场捕获；通常与气体一起使用
气体	降低生成等离子体时产生的带电离子、中性原子等碎屑的运动速度，使碎屑远离收集器；或通入氢气以放电的方式形成氢气等离子体与碎屑粒子反应生成气体

上述列举出的主要的技术手段可以解决 EUV 领域的一个或多个技术问题。比如靶材在实际使用时可以解决 EUV 光源的转换效率低的问题，也可以通过靶材的材料改进解决在产生 EUV 光时污染的问题。也应看到，存在技术手段不可能解决某个技术问题的情况，比如对于放大器的改进，其较少涉及对于减少污染方面的改进。

对各技术手段进行技术发展趋势的预测是有意义的。三个技术分支提高转换效率、减少污染以及提高稳定性是在进行 EUV 光源研究时不能回避的问题，但解决这些问题的技术手段是可以多样化的。未来研究热点与未来一段时间的技术发展趋势是相一致的。通过对各技术手段的专利技术（辅以科技文献）的指标分析可以给出各技术手段中哪些是未来的研究热点，如表 4-6-2 矩阵所示。

表 4-6-2 EUV 光源技术分支领域技术功效矩阵 单位：项

功效	手段							
	靶材	激光器	双脉冲结构	放大器	收集器	磁场	气体	其他
提高转换效率	157	116	73	44	90	20	23	88
减少污染	85	28	15	2	73	48	134	176
提高稳定性	143	79	21	19	84	9	12	146

该技术功效矩阵中靶材相关的申请量很大，特别是在提高转换效率和提高稳定性这两个技术分支领域，而激光器在提高转换效率技术分支领域的申请量较大。气体在减少污染技术分支领域的申请量较大，但这并不代表其一定是未来研究的热点。

本报告还对上述技术功效矩阵中各技术手段在各技术分支领域上体现出的其他指标进行了统计分析，即综合考虑了上述申请量以及上述指出的专利技术受关注度等重要指标，将上述的各技术手段以及在技术分支上的趋势发展前景划分成两个类别：Ⅰ类：申请量大，未来研究热点；Ⅱ类：目前申请量小，未来发展有潜力，可能是未来发展热点。具体情况如表 4-6-3 所示。

表 4-6-3 各主要技术点未来发展趋势判断

技术手段	技术分支	类别
激光器	提高转换效率	Ⅰ类
	减少污染	Ⅱ类
	提高稳定性	Ⅰ类
双脉冲结构	提高转换效率	Ⅱ类
	减少污染	Ⅱ类
靶材	减少污染	Ⅱ类
	提高稳定性	Ⅰ类

表 4-6-3 反映了比较有代表性的几个解决手段：激光器、双脉冲结构以及靶材在一些技术分支领域中划入Ⅱ类，说明在未来可能会得到较高的关注。

4.7 专利壁垒研究

EUV光源各技术问题的解决可以采用不同的技术手段，这些技术手段主要是各种光源系统中的部件。从产业角度看，特别是对于我国目前的产业水平，各创新主体还只能是关注其中的某一类，例如激光器相关技术由专门的激光器研发团队负责，收集器也是由专门的收集器研发团队负责。因此各研发机构团队在解决目前遇到的各类技术问题时，主要包括提高转换效率、减少污染和提高稳定性，在采用各自研发方向上的器件或手段（包括激光器、双脉冲结构、放大器、收集器、磁场、气体）上会产生差异。这需要对各研发团队在研发各器件和使用各技术手段上的专利侵权可能性上进行定量化的描述，促使研发保持战略上的有重点的警惕，为研发上能针对专利壁垒提出相应的对策提供数据基础。结合第二章的理论和实践成果，本节对EUV光源专利壁垒进行定量化研究。

表4－7－1反映的是使用各器件或技术手段可能遇到的专利壁垒。这里关于“专利壁垒”的解释可以参见第2章相关章节内容。通过专利壁垒指数的横向比较可以发现，使用激光器、放大器以及气体技术手段的专利壁垒指数较低，而靶材、双脉冲结构以及收集器则专利壁垒的指数较高（这里只对前述章节中有未来热点的技术进行了分析，故未含“磁场”）。

表4－7－1 EUV光源各器件/技术手段的专利壁垒

技术手段	专利密度	专利密度得分	保护范围得分	平均保护剩余年限	壁垒指数
靶材	17	0.15	0.52	0.68	0.45
激光器	15	0.13	0.49	0.65	0.42
双脉冲结构	11	0.10	0.52	0.70	0.44
放大器	2	0.02	0.46	0.68	0.38
收集器	31	0.28	0.56	0.65	0.50
磁场	4	0.04	0.50	0.71	0.41
气体	11	0.10	0.51	0.50	0.38
其他	26	0.23	0.51	0.58	0.44

将各技术手段与技术问题综合起来，如表4－7－1所示，其中利用“靶材”在解决“提高转换效率”上遇到的专利壁垒较高，而利用“收集器”在“提高转换效率”“减少污染”以及“光源稳定性”上遇到的专利壁垒也较高。类似的，还有“双脉冲结构”在“提高转换效率”上也会遇到较高的专利壁垒。当然在专利壁垒指数较低的某些区域，例如“放大器”在“光源稳定性”上的专利壁垒是较低的，但这并不意味着

这是一条可行的技术路线，因为这还涉及技术上能否实现、能否解决技术问题等问题。

表4-7-2 技术手段与技术问题综合专利壁垒

技术问题［效果］	靶材	激光器	双脉冲结构	放大器	收集器	磁场	气体	其他
提高转换效率	0.51	0.43	0.49	0.00	0.48	0.34	0.40	0.39
减少污染	0.46	0.39	0.45	0.38	0.51	0.39	0.45	0.41
提高稳定性	0.38	0.45	0.00	0.31	0.49	0.00	0.26	0.42
其他	0.49	0.00	0.31	0.00	0.00	0.00	0.00	0.58

具体地，在提高转换效率技术分支领域中（参见图4-7-1）（见文前彩色插图第2页），综合前述的技术发展趋势预测分析，未来值得关注的几个技术手段包括：“激光器”“收集器”“双脉冲结构”和“靶材”。这里采用“靶材”这一技术时会有较大的专利壁垒，而使用“收集器”“双脉冲结构”时遇到的专利壁垒也不低，在使用这些技术手段提高EUV光源的转换效率时会遇到较大的专利侵权风险。而使用“激光器”在提高转换效率方面遇到的专利壁垒相对小一些，专利侵权风险概率要低一些。

相应地，在减少污染这一技术分支领域中，可选择的技术手段是比较多的，但这里在使用时也充满了风险。在减少光源污染中未来热门的技术手段包括“放大器”“激光器”“收集器”“双脉冲结构”以及“靶材”。然而，“收集器”“双脉冲结构”和“靶材”在作为研发重点时会有较大的专利壁垒。相对来讲，使用“放大器”“激光器”则有较低的专利壁垒，研发人员受专利制约较少。

在提高EUV光源稳定性方面，“收集器”“激光器”“放大器”“靶材”这几个方面都是可能未来技术发展的热点，相对而言，发展“收集器”技术遇到的技术壁垒较高，发展“激光器”技术也会有一定的技术壁垒障碍，但在“放大器”以及“靶材”上遇到的技术障碍相对会小一些。研发人员在选择研究方向上还需要具体辨析其中的差别。例如使用“激光器”技术方面，使用不同的激光器作为激发源遇到的专利壁垒可能是不同的。相关研究可以参见后续章节的进一步分析。

4.8 技术未来发展预测与中国技术发展路线

从EUV光源专利申请的技术发展路径可以判断，未来除了会继续对现有的较为成熟的EUV光源例如CO_2激光器、固态激光器等进行优化和改进，比如进一步提高转换效率、减少污染、提高光源稳定性，还有可能开辟出另外的一条研究道路，即对于新型光源的开发——从G公司的准分子激光器EUV光源、哈尔滨工业大学的毛细管放电EUV光源以及清华大学的FEL EUV光源等专利申请中可见一斑。对新型EUV光源的开发有助于绕过高端光刻机现有的技术壁垒、打破行业垄断。

4.8.1 借鉴G公司准分子激光器技术可行性分析

EUV光源技术分支领域的国内申请人大致分为科研院所、高校以及少量企业，其研究方向仍然集中在已有光源的转换效率、污染问题、稳定性等方面，且科研院所和高校多以靶材相关方面作为研究重点。

靶材方向的主要申请人为上海光机所、华中科技大学，其中，上海光机所在相关方面的专利申请主要包括：

公开号CN111399346A，该申请中的磁镜装置由第一载流线圈和第二载流线圈构成；利用磁镜装置中非均匀磁场对等离子体的约束作用，提升LPP-EUV光源的功率输出能力并抑制LPP所产生的碎屑污染。公开号CN112162466A，该申请涉及一种锡液罐装系统，其通过调节熔锡罐内的气体压力使熔化后的锡液经过滤后流入储液罐，整个过程采用真空熔炼，在惰性气体保护下罐装，极大程度上避免了氧化；此外，通过控制熔锡罐内的液位，保证最后1cm锡液不流入储液罐中，从而进一步降低锡液中的氧化物含量，实质上保证了锡液的纯净度，提高了转换效率。

华中科技大学在相关方面的专利申请主要包括：

公开号CN103246176A，该申请设置包括整流栅与腔体的碎屑隔离腔，从而防止污染。公开号CN103257531A，该申请将喷嘴设置为带环形通孔的结构，以射出空心液滴或者空心柱状液滴流，从而提高转换效率、防止污染。公开号CN103217869A，该申请同样是对喷嘴作出的改进，其喷嘴上有以喷嘴中心为对称点呈中心对称且均匀分布的微孔，多个不同的角度指向同一点；这种设计可以使雾状液体靶材喷射距离更远，激光作用点也更远离喷嘴，从而起到提高转换效率、防止污染的效果。公开号CN103592822A，该申请利用磁场将激发源与靶材作用后形成的所有带电粒子回转到激发源与靶材的作用点重新被作用，从而提高了转换效率，并在一定程度上防止污染。公开号CN103235487A，该申请将金属丝在激光的作用下熔化形成EUV辐射中的液滴靶材：采用功率大于1kW的激光束连续作用于匀速运动的线状靶材底部，使靶材熔化瞬间产生连续的液滴，以提高光源稳定性。

此外，中国的企业创新主体则偏重收集器、遮光板等的结构改进，相关主要申请人为中芯国际、广东省智能机器人研究院（以下简称“机器人研究院”），其中，中芯国际在该方向上的专利申请主要包括：

公开号CN104345569A，该申请涉及一种收集器，所述收集器包括若干反射镜，所述反射镜在收集EUV光时配置成反射态和非反射态，其中，所述反射态适于反射EUV光，非反射态适于躲避凝聚态颗粒污染，从而避免污染的发生。公开号CN106324997A，该申请涉及液滴阵列，其包括若干喷嘴，若干喷嘴依次向下方的环形辐射位置喷吐液滴，增加了单位时间内的液滴的供应量，从而提高转换效率。公开号CN105573060A，该申请涉及液滴阵列，所述液滴阵列包括沿直线扫描方向排布的若干喷嘴，若干喷嘴适于依次向下方的辐射位置喷吐液滴；激光源，适于产生激光束，并使激光束沿直线扫描方向扫描，交替的轰击到达辐射位置的液滴，从而提高转换效率。

广东省智能机器人研究院在该方向上的专利申请主要包括：

公开号CN111999989A，该申请涉及一种收集器，收集镜的收集方向与激光入射方向垂直，且不与液滴的移动方向平行，收集镜的中间不需要开设孔，通过这样的收集器设置以提高转换效率。

虽然国内申请人还暂未涉足准分子激光器EUV光源领域的开发，但上述研究方向与G公司准分子激光器EUV光源起初的研究方向较为一致，即均集中在光源污染防止等方面。例如：G公司的下述专利申请：

公开号US2012298134A1，该申请涉及利用准分子激光器辅助去除污染的技术方案，脉冲激光器61可以是准分子激光器（波长248nm、193nm），由脉冲激光器61输出的激光束63被光束组合器62反射，穿过输入窗口18，并且撞击激光聚光光学系统14；将激光束63照射到输入窗口18的出射表面和激光聚光光学系统14的反射表面上在这种光学元件18、14上产生热冲击波，这些冲击波克服黏附到光学元件18、14的纳米尺寸碎片的黏附；激光束63经由输入窗口18撞击激光聚光光学系统14。因此，该实施例的优点在于，它允许同时清洁输入窗口18和激光聚光光学系统14；为了优化清洁效果，还优选地提供了一种光学系统，用于以激光束63的能量密度达到期望密度的方式扩展或收缩激光束63。

公开号US2013319466A1，该申请涉及DUV灯97H可以生成DUV光971H并且朝向EUV收集器反射镜23的反射表面231辐射DUV光971H。通过执行用DUV光971H照射供应到反射表面231的蚀刻剂气体的反应加速处理，可以将活化能或温度能赋予蚀刻剂气体。因此，与不执行反应加速过程的情况相比，此方法可以加速蚀刻反应速度，并且可以减少直到碎屑蚀刻结束的时间。也可以设置准分子激光器、准分子灯等代替DUV灯97H。

此外，G公司除了起初涉足于采用准分子激光器作为防止污染等的辅助装置和手段的研究之外，其后期逐步将准分子激光器作为了产生EUV的主要光源，例如：公开号US2017171955A1以及公开号US2018146536A1，上述申请中的第一预脉冲激光设备、第二预脉冲激光设备都可以是准分子激光器；公开号US2019045616A1、公开号US2019293922A1，上述申请不仅将准分子激光器用作产生预脉冲的激光装置，还采用准分子激光器作为产生主脉冲的激光装置；公开号US2020209755A1、公开号US2020209444A1，上述申请也采用准分子激光器作为产生主脉冲的激光装置。

由此可见，一方面，由于国内申请人尚未涉足准分子激光器EUV光源的研发，国内创新主体在未来可以考虑学习借鉴G公司准分子激光器光源技术。另一方面，从技术发展指数模型预测结果可以看出，提高转换效率方面，“收集器”和“激光器”二者属于“关注度高、前景好”领域类型，而其中的收集器正好是国内企业创新主体的重点研究对象，激光器则是G公司的研发重点；减少污染方面，“靶材”和“激光器”二者属于“值得关注的新兴技术”的领域类型，二者恰好分别与国内高校及科研院所创新主体以及G公司的研究重点相一致；提高EUV光源稳定性方面，同样是“靶材”和“激光器”这两个细分领域属于“关注度高、前景好”的领域类型，同样分别与国内高校及科研院所创新主体以及G公司的主要研发领域重合。由上述专利分析结果结合模型预测结果可知，国内创新主体在减少污染、提高转换效率、提高光源稳定性方面积累了一定的科研经验，且其研究重点落入未来关注度高、前景好以及新兴技术等领域。那么未来国内创新主体可与 G 公司开展合作，充分发挥彼此优势，进一步优化准分子激光器 EUV 光源，例如：在如何提高准分子激光器 EUV 光源的转换效率、减少污染，特别是提高光源稳定性等方面进行共同研发，以加快新型 EUV 光源投放市场的脚步。

此外，对于国内自主研发新型光源的创新主体，例如哈尔滨工业大学和清华大学，由于其光源类型与 G 公司的光源类型不同（哈尔滨工业大学主要采用的是利用毛细管放电原理产生 EUV 的光源，例如公开号 CN106054537A、CN104619104A 的专利申请，清华大学则是利用了 FEL－EUV 光源，二者与 G 公司的 LPP 光源不同），后续如何借鉴还需进一步研究，对借鉴可能性的浅析如图 4－8－1 所示。

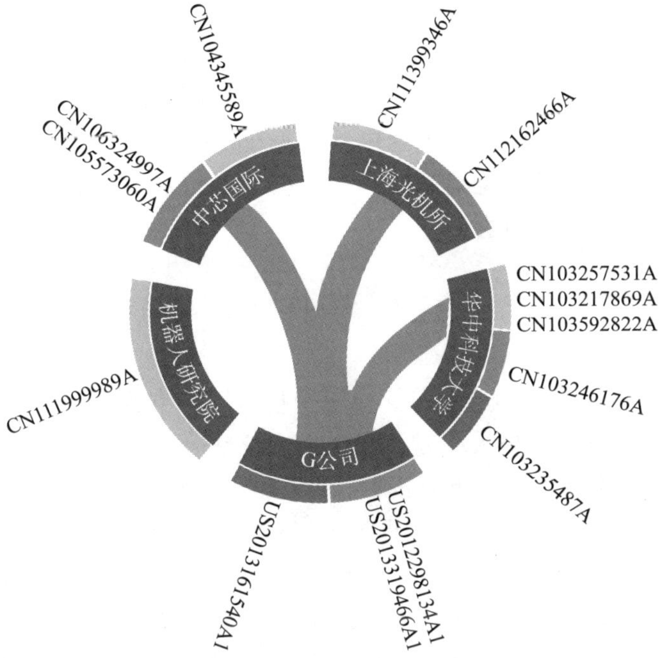

图 4－8－1　国内创新主体借鉴 G 公司技术可行性浅析

注：图中树杈形图案表示国内创新主体可借鉴公司的相关技术。

4.8.2　人才战略资源导航

对 G 公司准分子激光器 EUV 光源研究方向的发明人进行了梳理，结果如图 4－8－2（见文前彩色插图第 3 页）所示，其中，同一件专利申请的多个发明人可以被认为是同一个科研团队，可以考虑按照团队的形式引进人才。此外，值得关注的是在多个研究方向上都具有专利申请的发明人，例如：若林理（WAKABAYASHI Osamu），其研究方向包括了辅助功能、预脉冲和主脉冲；植野能史（UENO Yoshifumi），其研究方向包括预脉冲和主脉冲。这些发明人或者是科研团队领导者或者是从研究之初就加入团队，随着研究的开展不断深入、始终参与，因此，对于研究框架、技术革新、困难瓶颈、发展脉络、未来预期等具有较为系统全面的认识和理解。此外，对于在某一个研究方向上具有多件专利申请的发明人，例如永井伸治（NAGAI Shinji），其主要致力于准分子激光器作为EUV光源辅助装置方面的研究；若林理（WAKABAYASHI Osamu）和本田义幸（HONDA Yoshiyuki）二人专注于准分子激光器作为主脉冲激光装置方面的研发，这些发明人多为某研究方向的专家人才或骨干力量，值得关注。

4.8.3 专利可利用性浅析

通过对G公司的专利布局国家和地区进行分析后发现，该公司EUV光源技术分支领域的专利申请在中国进行的布局十分有限。其中一篇为CN110383175A，该申请涉及一种EUV光生成装置（10a），其具有：①电子储存环（12），其包含第1直线部（46a）和第2直线部（46b）；②电子供给装置（11），其向电子储存环（12）供给电子束的电子；③高频加速腔（43），其配置于第1直线部（46a），对电子束进行加速以使电子束的长度Lez满足“0.09m≤Lez≤3m”；④波荡器（14），其配置于第2直线部（46b），通过使电子束入射到波荡器（14）而输出EUV光；更优选电子束的长度Lez满足“0.09m≤Lez≤0.9m”。也就是说，对G公司的专利产品和技术在国内直接进行应用的侵权风险比较低，可以尝试。

4.9 本章小结

本章围绕EUV光源技术分支领域，以三个技术子分支为研究对象，从专利申请趋势、原创布局分布、重点申请人关键技术、技术路线及发展趋势预测、专利壁垒、科技文献信息解读等诸多角度对该重点技术进行了全面剖析，得出以下几点结论：

（1）EUV光源技术分支领域，在提高转换效率这一技术分支上，20世纪90年代开始至21世纪初，技术手段主要集中在对靶材的改进上；21世纪初到2009年，对于双脉冲、收集器等核心部件的技术研发日趋成熟；2010年至今，各个技术手段均日臻完善，专利申请逐步进入涉及精细化控制调节的新阶段。在减少污染这一技术分支上，改进源头以控制液滴的产生以及对易受污染的收集器的具体结构进行改进等，都是减少污染的重要手段，此外，通过气体和磁场来清除光源腔室中的碎屑，也是减少污染必不可少的重要手段。未来，对液滴进行控制和对收集器进行改进仍将是技术创新的重要方向。在提高稳定性这一技术分支上，目前，靶材以及靶材和激光束的同步与对准，是提高光源稳定性的主要技术手段；未来，对靶材的稳定输出、将靶材和激光束进行更精确的同步以及位置对准，仍是提高EUV光源稳定性的重要的改进方向。而收集器的改进不但会在防止污染方面发挥作用，也有可能后来居上，成为提高光源稳定性的新的重要手段。

（2）ASML在中国的专利布局占比经历了一个由低到高的发展过程，从表面上看是对中国市场重视程度的逐步提升，但这并不意味着其多年前（主要指2014年以前）的专利技术可以在中国自由实施、侵权风险小。相反，ASML在涉及核心技术方面的专利布局并没有在中国市场缺席。总体看来，对于中国这样的市场，国外申请人始终是重视的，这主要体现在核心技术的早期布局及持续布局方面。本研究报告通过引入专利壁垒模型，宏观上分析这些外国公司的已授权且处于权利有效状态的专利对我国高端光刻机的创新研究带来的影响，发现对于上述的几个有发展前景的技术手段而言，在利用“靶材技术”提高转换效率方面具有较高的专利壁垒，而在减少污染和提高 EUV 稳定性方面，采用“收集器”这一技术手段也会遇到较高专利壁垒。这些都是我国创新主体在进行研发时应当注意的，特别是在专利壁垒较高的区域，更要注意侵权风险。相对来讲，发展适用于 EUV 光源的激光器技术以及放大器技术所遇到的侵权风险较少。

（3）哈尔滨工业大学、清华大学正在开展光刻机用 EUV 光源的相关研究，但研究路径各不相同，研究成果距离商用高端光刻机的问世与量产还有一定的距离。同时，对 G 公司进行研究后的结果表明，该公司将主要的研发精力投入在 EUV 光源技术分支领域，且进一步集中在提高稳定性方面，同时，G 公司一直以来专注于光刻机的光源产生装置——准分子激光器的研究开发，并且将准分子激光器作为 EUV 辅助光源或主光源也逐渐成为 G 公司近年来提高光源稳定性的热点研究方向。G 公司作为准分子激光器在全球市场上的重要供货商，其 EUV 光源装置走向市场化的前景比较光明。并且重要的是，行业内的巨头 ASML 在该方面的技术储备也不如 G 公司多，可能并未形成用于现有产品的计划。虽然准分子激光器主要用于 DUV 光源，但从 G 公司已公开的专利文献看，其内容涉及将准分子激光器作为 EUV 辅助光源或主光源从而提高光源稳定性，且目前还未搜集到有关 G 公司将准分子激光器 EUV 光源提供给 ASML 的相关报道（目前能够获取的信息是 G 公司为 ASML 公司提供了准分子激光器作为 ASML 公司新一代 DUV 光刻机的光源）。因此，至少在目前，中国创新主体，特别是从事 EUV 光源技术的研究人员，可以关注该类型激光器用于 EUV 光刻机的技术，在产业内可形成集中优势吸收学习、研究发展相关技术。此外，针对准分子激光器用于 EUV 光源的技术，本报告提供了 G 公司的技术开发团队的相关信息，供国内相关人员研发时参考使用。

第 5 章　投影物镜专利分析

投影物镜是光刻机的核心部件，用于将掩膜图案无失真地投影在晶圆上。光刻物镜包括能够满足光刻机成像质量要求和整机接口需求的投影物镜以及相关的控制系统。按照构成物镜的零部件属性，可以将物镜划分为光学、机械和控制三个分系统。光学分系统包括参与投影成像的全部光学零件；机械分系统包括用于实现光学零件支撑、调节，物镜环境控制与保护，以及与整机机械结构连接的全部机械零件和功能性组件；控制分系统包括用于物镜控制的机箱及相关控制软件系统、物镜调节机构及光阑驱动等。

光刻机中最重要的参数指标就是其分辨率（最小特征尺寸，或称为节点）。就光刻物镜本身而言，在工作波长已经确定的情况下，若想提高分辨率所能采取的最直接的措施就是提高 NA。从傅里叶光学的角度来分析，NA 在光学系统中起着低通滤波器的作用，更大的 NA 可以使更高空间频率的光通过系统参与成像，进而提高成像分辨率。因此，国内外的研究机构均投入了巨大的人力和物力对大 NA 的 EUV 投影物镜技术开展研究。

本章以投影物镜，特别是大 NA 物镜专利为主要研究对象，对相关专利技术进行解析，对未来发展方向给出判断，并分析了该技术在中国的布局现状，探讨目前中国发展具体在哪些方面遇到了风险并给出建议。

5.1　投影物镜技术介绍

由于在 EUV 波段，所有光学材料的透过率极低，且折射率都接近于 1，即目前在 EUV 波段找不到足够透明且能对 EUV 光线起明显偏折作用的材料，所以 EUV 光刻机的光刻物镜都采用反射式结构。为了便于对 EUV 光刻物镜进行描述和讨论，国外的设计者提出了几种 EUV 光刻投影物镜分类方法。主要的分类方法包括：

（1）按反射镜数目划分

Zeiss 的光学设计师 H. J. Mann 将 EUV 光刻物镜按照反射镜片的数目和有无光路遮拦来分类。多数情况下，有中心遮拦的系统可实现大数值孔径，其视场的尺寸会受到遮拦比的限制。无中心遮拦的系统可实现较大视场，但需要优化多个结构变量以达到大数值孔径。根据元件数目，EUV 光刻投影物镜可分为两镜系统、四镜系统、六镜系统、八镜系统、十镜系统等。

（2）按反射镜的光焦度正负区分

罗切斯特大学的 R. Hudyma 将 EUV 光刻物镜按照反射镜的光焦度正负，即反射镜的凹凸来进行分类。沿光路方向，具有正光焦度的反射镜用“P”来表示，具有负光焦度的反射镜用“N”来表示，那么以现有的六反射镜系统为例，主要的设计类别有

PNPPNP、PPNPNP、PNNPNP、NPNPNP 等结构类型。

0.33NA 的 EUV 物镜已经能够分辨 26nm 的空间周期，如果需要分辨率更小的周期，需要提升 NA。随着光刻投影系统 NA 的增大，其光学特性导致的大入射角及大入射角范围等问题越发凸显；NA 0.25 的 EUV 光刻投影物镜系统 M3 入射角带宽 13°~18°；NA 0.33 的 EUV 光刻投影物镜系统 M3 入射角带宽 19°~25°；NA 0.45 的 EUV 光刻投影物镜系统 M2 入射角带宽 17°~30°；NA 0.50 的 EUV 光刻投影物镜系统 M3 入射角带宽 27°~36°。随着 EUV 光刻物镜的发展，NA 越大，反射镜平均入射角越大，反射镜光线入射角范围越大。但根据现有的 Mo/Si 规整膜反射率随平均入射角变化的性质，平均入射角越大，规整膜反射带范围越窄，而且最高反射率也有所下降，反射带范围内反射率变化越剧烈。不难发现，入射角和入射角范围的增大给 EUV 高反膜层的设计带来很大的问题。而随着 EUV 光刻物镜的发展，物镜系统反射镜上入射角的变化正好与多层膜的这种性质相反。因此，发展反射镜的膜层设计是提高 NA 的必然手段。

在增大物镜系统 NA 的同时，光刻系统需满足以下两个条件：

（1）由于 EUV 光刻系统使用反射式掩模，为了避免掩模入射角过大造成严重的阴影效应，EUV 光刻投影物镜在掩模处的主光线入射角必须小于 6°。

（2）为了避免照明光束被遮拦，要求掩模上的入射光束与出射光束不能发生重叠。因此，光刻投影物镜系统的像方数值孔径 NA、倍缩比 M 和物方数值孔径 NAO，三者应该满足：

$$NA = M \times \sin(NAO) < M \times (\sin 6°)$$

由上式可知，可以通过继续增大物镜系统的倍缩比来进一步增大 NA，以此实现更小的技术节点。依据该思路，Zeiss 公开了倍缩比为 8∶1 的离轴中心遮拦六反物镜系统，该类 EUV 光刻投影物镜系统可最高实现 NA 0.70。

本章将对国内外在 EUV 光刻技术方面的投影物镜专利技术进行剖析，梳理大 NA 投影物镜的技术发展，对比国内外技术差距、布局情况，给国内企业和研发机构提供参考。

5.2　专利竞争态势分析

为了解 EUV 光刻技术中大 NA 投影物镜专利申请的整体态势，本节重点研究了全球大 NA 投影物镜专利申请趋势、主要国家/地区专利分布、主要申请人排名以及技术构成情况。

5.2.1　申请态势

截止到 2021 年 8 月，EUV 投影物镜的专利申请总量是 994 项。EUV 投影物镜技术的申请量总体呈增长态势。如图 5-2-1 所示，投影物镜技术全球申请量大致经历了 4 个阶段。从 1991 年美国能源部提出了 1 项 EUV 反射式光学成像系统专利申请开始，一直到 2001 年为缓慢发展期，虽然每年的申请量维持在较低的水平，但在该阶段整体呈现增长的趋势。在 2003 年，该年申请量出现了一个大幅快速增长，同时在 2003 年之后，专利申请量出现了一个大幅下降的趋势。直到2006年之后出现了再次增长的情况，随后在2015年又出现了大幅下降的情况。从该申请趋势可以看出，2003年、2008年和2011年是该领域技术的三个爆发期，2015年之后这一技术的发展显得较为平缓。

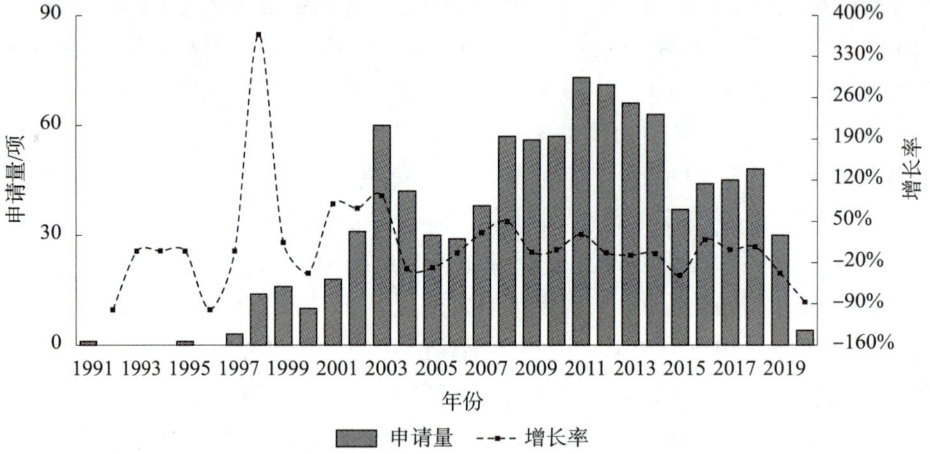

图5－2－1　EUV投影物镜技术领域申请趋势

表5－2－1是投影物镜的技术分解表，是对前述的表1－2－1的进一步细化。在投影物镜技术分支方面，多层膜技术是EUVL中的核心技术。

表5－2－1　投影物镜技术分解表

主要要求	设计分类	技术细项
提高NA	反射镜片设计	镀膜（多层膜、梯度膜、镀膜材料（例如Mo/Si）及每层膜厚度
		镜片参数（曲率半径、竖向开口、大小、凹凸镜）
		冷却控温（对反射镜温度的控制）
		装调（涉及机械结构的部件，用于镜片的安装、调节）
		其他
	物镜系统整体设计	二镜（Schwarzschild物镜）
		四镜
		六镜
		八镜
		组合变倍率物镜技术［例如扫描方向（纵向）的倍缩比为8：1（My8），垂直于扫描方向（横向）的倍缩比为4：1（Mx4）］
		优化设计方法（非结构上的设计，主要是计算机建模）
		其他（十镜、奇数镜等）
	其他	

图5－2－2给出了投影物镜专利技术子领域及分布情况，其中镜片参数占比23%，膜层设计（反射元件膜层设计）占比22%，光学装调占比18%，多镜系统（多镜投影物镜系统整体设计）占比18%，冷却控温占比17%。从如何提高投影物镜系统的NA的技术问题角度可以将EUV投影物镜分成两个主要的子领域：反射元件膜层设计和多镜投影物镜系统整体设计。虽然镜片参数占比也较多，但其实和多镜投影物镜系统的整体设计分不开，大体上多镜投影物镜系统整体设计中常介绍各镜的凹凸类型、曲率半径、镜片尺寸等参数。对于冷却控温方面，物镜内部的温度变化会导致光学材料的折射率变化、透镜和机械结构尺寸的变化以及气体折射率的变化，这些都会使系统的像质劣化。在大多数情况下，由温度变化引起的系统离焦和畸变能够被测量出来并且可以被矫正，然而由温度变化引起的波像差却不容易补偿，所以冷却控温多涉及像质方面。对于光学装调方面，实现光学零件支撑、调节，与NA有关，但并没有全然的直接关系。因此，在大NA投影物镜方面，本课题重点研究膜层设计和多镜投影物镜系统整体设计部分。

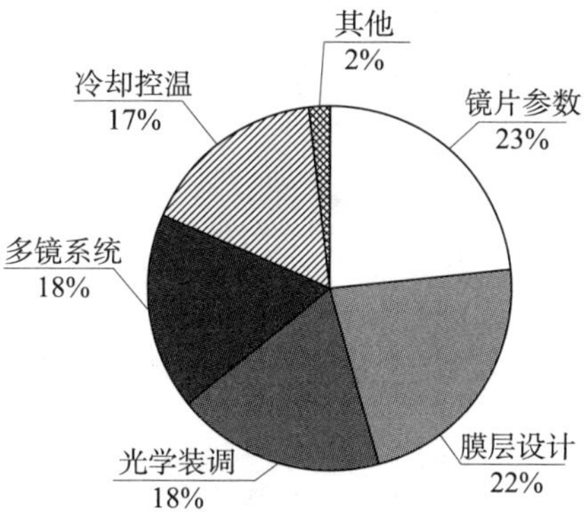

图5－2－2　EUV投影物镜专利技术子领域及分布情况

图5－2－3和图5－2－4分别示出了膜层设计和多镜投影物镜系统整体设计两个分领域的专利申请趋势变化。从这两个分领域的申请趋势看，其申请量变化趋势相类似，这说明这些技术本身具有极大的相关性，很多专利技术解决的并非单一的技术问题。相比较而言，多镜投影物镜系统整体设计这一子领域近几年的增长率相对平稳。

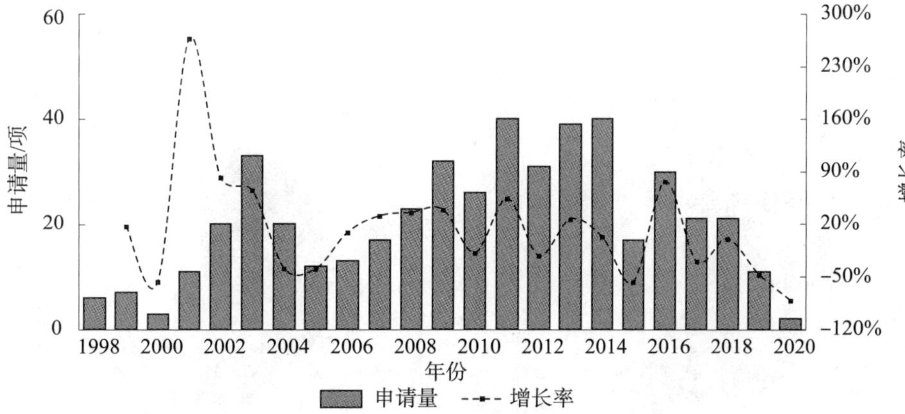

图5－2－3　膜层设计领域申请趋势

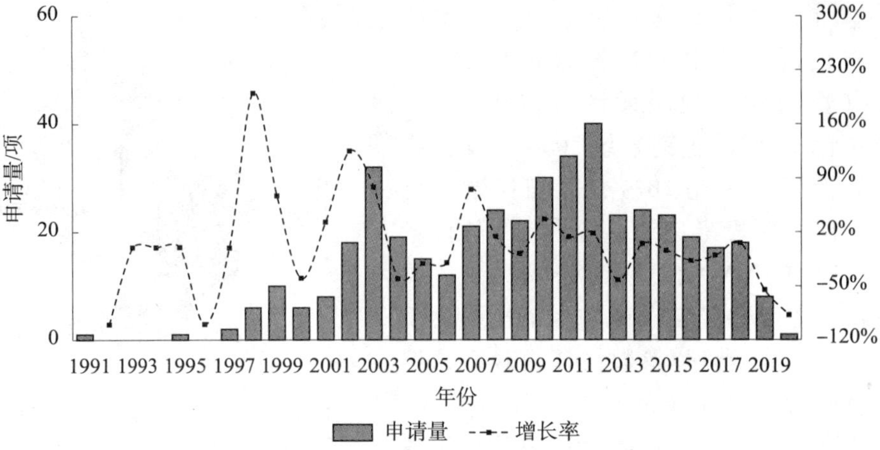

图5-2-4 多镜投影物镜系统整体设计领域申请趋势

5.2.2 专利区域分布

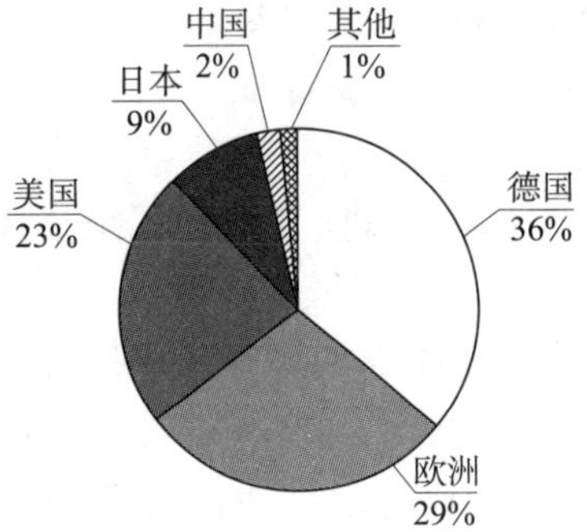

图5-2-5 投影物镜技术全球原创国家/地区分布

如图5-2-5所示，通过对全球专利数据的分析发现，投影物镜专利申请的申请来源主要是德国、美国、欧洲和日本，这四个国家/地区提出的专利申请量达910项，占了全球投影物镜技术专利申请量的97%。其中，德国申请人的申请量最大，其次是欧洲，而后是美国和日本。

如图5-2-6和图5-2-7所示，分别从膜层设计和多镜投影物镜系统整体设计两个子领域的专利申请原创国家/地区分布看，技术来源国家/地区主要是德国和美国。这两个国家/地区的专利贡献了全球的接近3/4。

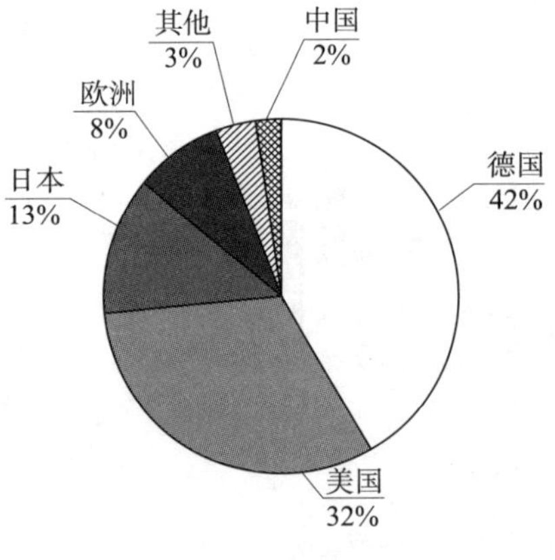

图5-2-6 膜层设计领域原创国家/地区分布

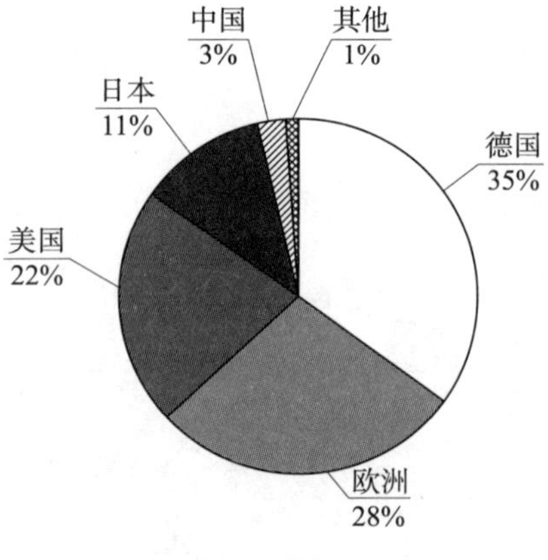

图5-2-7 多镜投影物镜系统整体设计领域原创国家/地区分布

如图5－2－8和图5－2－9所示，从专利的目标国家/地区分布看，美国专利布局量最高，均超过20%；德国、日本和韩国的专利布局量相当，均超过10%；中国布局意愿排在美国之后。

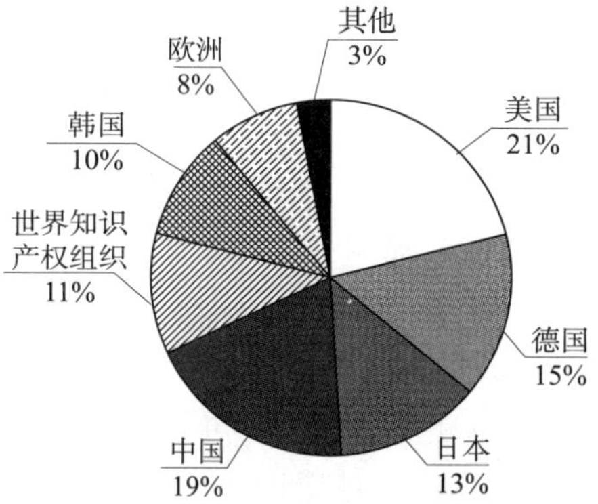

图5－2－8　膜层设计领域布局国家/地区分布

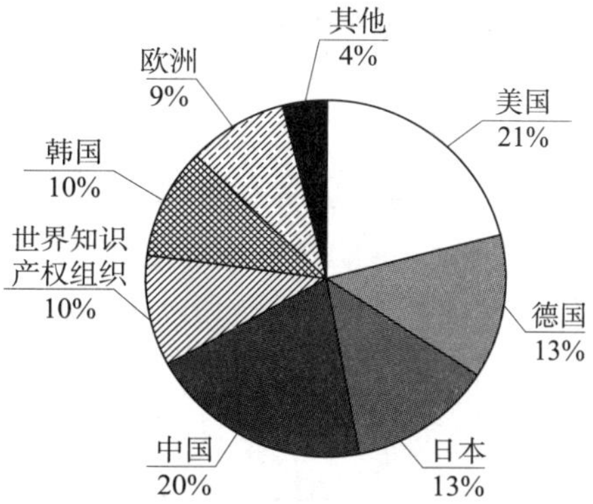

图5－2－9　多镜投影物镜系统整体设计领域布局国家/地区分布

来源国家/地区能够反映不同国家的技术实力，而目标国家/地区则反映了不同国家/地区的市场发展程度。原创/目标国家/地区流向趋势分析能够反应申请人的战略意图，例如技术布局、市场占有等。在分析来源国家/地区基础上，进一步综合专利目的地，获得原创/目标国家/地区流向图，如图5－2－10（见文前彩色插图第4页）、图5－2－11（见文前彩色插图第5页）所示。美国、日本、德国、中国、欧洲是光刻技术较强的国家/地区及消费市场。大多数公司重视在这些国家/地区的专利布局，而大NA的EUV光刻投影物镜的专利布局也主要在这些国家/地区。

在膜层设计方面，对其全球专利申请流向分析发现，美国、德国、欧洲、日本是最主要的专利申请来源地。在专利申请目标国家/地区方面，被布局专利数量最多的是美国，日本、德国、中国、韩国和欧洲排在其后。

美国在本土的专利申请量为148件，约占其申请总量的一半。除本土外，美国主要在中国、日本、韩国和欧洲进行布局。其中，在日本、韩国布局的专利数量相差不多，约为美国本土专利数量的1/2；在中国较多。可以看出，美国不仅重视本土市场，同时更重视海外市场，最重视中国市场。

德国主要在德国本土、美国、日本、中国、韩国、欧洲进行专利布局。其中德国本土布局的专利数量是155件，其在海外市场布局的专利数量为248件。可以看出，德国同样也重视本土市场和海外市场，其中，海外市场中在美国布局的专利数量为64件，在日本布局的专利数量为50件，在中国的布局数量为44件。

欧洲主要在欧洲、美国、韩国、日本和中国进行专利布局。其中，在欧洲本土、美国、韩国、日本和中国的专利数量相差不大。可以看出，其重视技术输出国家/地区和主要消费国的市场。

日本主要在日本本土、美国进行专利布局，专利申请数量相当。在欧洲、韩国、中国、德国和新加坡有少量的专利申请。可以看出，日本更重视本土市场，在国外布局范围较广但专利数量较少。

中国主要在中国本土进行布局，在国外布局范围仅为美国。中国本土专利申请量极少。可以看出，中国并不是EUV光刻大NA膜层技术的输出强国，而是主要消费市场。

在多镜投影物镜系统整体设计方面，对其全球专利申请流向进行分析发现，多镜投影物镜系统整体设计的专利申请量最多的国家/地区是德国，其次是美国、欧洲和日本。大NA物镜系统整体设计专利的主要目标国家/地区是美国、日本、德国、中国、韩国和欧洲，与膜层专利布局类似。

德国是Zeiss的所在地，是大NA投影物镜技术输出的强国。德国主要在德国本土、美国、日本、中国、韩国和欧洲进行布局。德国本土专利布局数量是153件，约占总量的37%；在美国布局的专利数量是80件，约占总量的20%；在其他国家/地区布局方面，以中国（68件）、日本（46件，Nikon和Canon的所在地）、韩国（41件）为主。可以看出，德国更重视海外市场，其中最重视美国市场和亚洲市场。

美国主要在美国本土、日本、中国、韩国和欧洲进行专利布局。在国外方面，在中国布局的专利数量最多，其次在日本和韩国布局的专利数量相当，均在60件左右。可以看出美国的海外市场主要在亚洲，日本、中国和韩国是其主要的亚洲市场。

欧洲主要在欧洲、韩国、美国、中国、日本和新加坡进行专利布局。其中，在美国、中国和韩国这些国家/地区的专利布局数量相当，在日本和新加坡次之。可以看出，其不仅关注了各国均重视的国家/地区，还特别重视了新加坡光刻市场。

日本作为Canon和Nikon的所在国，在大NA投影物镜光学系统方面，也保持着靠前的技术输出。日本主要在日本本土和美国进行专利布局，分别为42件和29件，二者约占总申请量的64%；在其他国家/地区的专利申请量相差不大，但数量上相对较少。可以看出，日本更加重视美国市场，在欧洲和亚洲的布局量相当，也说明了日本对欧洲市场和亚洲市场的重视程度相当。

来自中国的申请人专利申请量很少，其中绝大多数专利申请在中国本土进行，在国外的申请基本上仅在美国有布局。可以看出，中国亟待开发本国技术输出。

5.2.3 主要申请人分析

如图5-2-12所示，从EUV投影物镜领域的申请人排名看，Zeiss和ASML在物镜领域的专利申请相比其他单位遥遥领先。虽然EUVL技术几乎已经被ASML垄断，其在高端光刻机市场的占有率达90%，且是唯一能生产EUV光刻机的厂家，其竞争能力明显优于Nikon和Canon，但其镜头由Zeiss提供，因此，Zeiss在物镜技术方面占主体地位。从图5-2-12可以看出，Zeiss在投影物镜专利申请量上遥遥领先，其有关投影物镜的专利申请量占全部申请的50%以上，是这一领域的主要创新来源。但其技术产品主要用于ASML的光刻机中，使得这一领域的ASML的光刻机相关的投影物镜技术占据了本领域70%以上的比例。Nikon、Canon、台积电的申请量均不足100项，与Zeiss和ASML数据差距明显（图5-2-12中北京理工大学的专利数据剔除了投影物镜中测量相关的专利申请数据）。图5-2-13和图5-2-14为投影物镜细分领域的申请人排名。

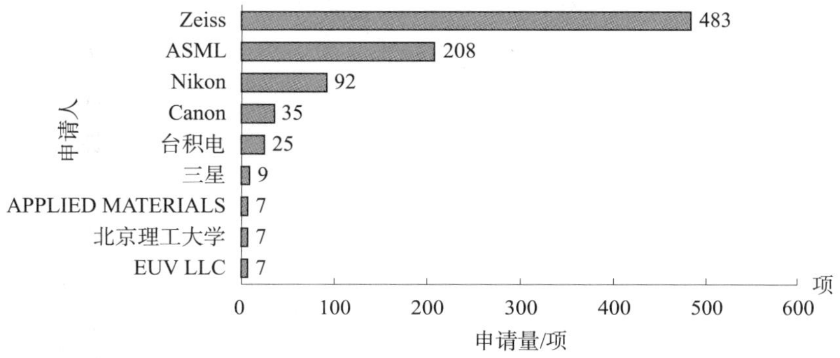

图5-2-12　投影物镜领域申请人排名

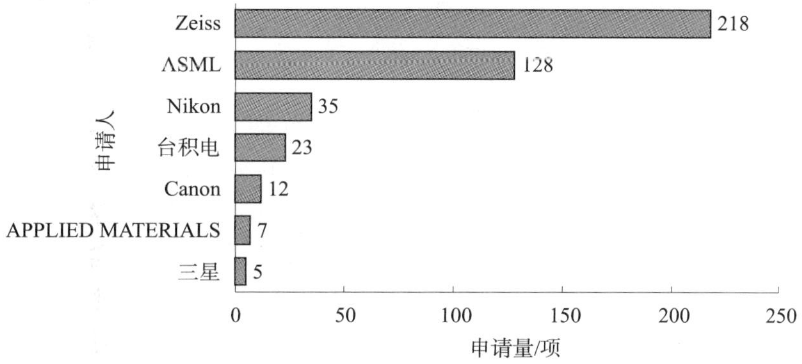

图5-2-13　投影物镜膜层设计领域申请人排名

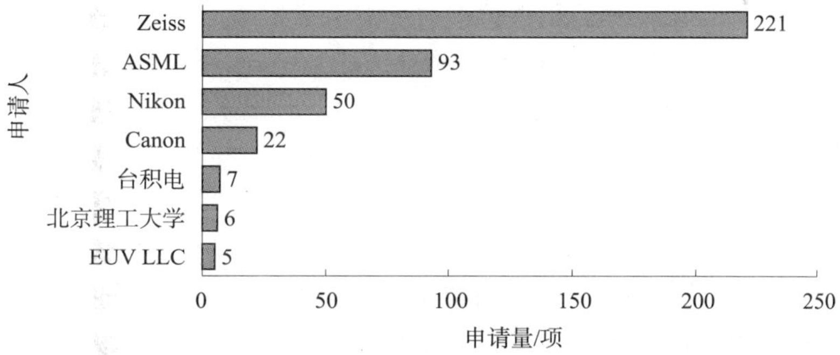

图5-2-14　投影物镜多镜系统领域申请人排名

Zeiss 不仅是投影物镜领域的领导者，其在提高 NA 的下属主要技术分支领域也具有统治力，申请量均较 ASML 的大幅度领先。

5.3　技术路线分析

以多层膜技术为主的膜层设计技术是大 NA 物镜的核心技术，也是 EUV 光刻机的核心技术。多层膜技术的精度决定着系统的最小复制线宽、复制图形的对比度和通光效率，是EUV光刻机得以实现的保证，其发展推动了整个EUV光刻机的进步。另外，EUV波段单块反射镜的反射率并非100%，每次反射都会因光吸收而造成一些光损失，如果要保证反射率在一定标准以上，就得减少反射镜的数量，但反射镜的减少又会降低NA，进而降低分辨率，因此投影物镜系统的整体设计也是一个技术路线。

回顾大NA技术的技术发展历史，梳理其发展脉络，可以为技术人员对未来技术发展趋势的判断作辅助。

5.3.1 膜层设计

20世纪80年代末期，多层膜技术的发展使得人们在EUV波段利用正入射多层膜反射镜组成高分辨率的光学系统成为可能，并开始EUV光刻技术的研究工作。目前在多层膜技术研究领域的突破性进展，使得人们进一步发展EUV光刻产业化样机成为可能。

EUV光刻机投影物镜中的反射镜在膜层设计方面的重点关注技术是镜片反射率的提高、多膜层结构、沉积工艺和防止污染。提高反射镜膜层的平均反射率是提高EUV光刻机生产效率的手段之一。多层膜结构是一种用人工方法制备的周期膜厚为纳米量级的多层结构，而提高EUV光刻分辨率最重要的两个路线是降低波长以及增大NA。那么，在进一步降低波长方面，从上述膜层设计的技术路线发展来看，已有低于13.6nm的反射镜膜层设计，具体可至6.7nm左右。在提高数值孔径方面，若为了提高分辨率而增大投影光学系统的NA，则各个多层膜反射镜应反射的光的角度范围扩大，即在光路中的某些位置处可能出现相对高的入射角，因此，多膜层结构设计是提高NA的一个实现手段。多层膜反射镜是将折射率差异大、吸收小的两种材料交替沉积在超光滑的基板上制成的，为成功应用与制备高性能的多层膜反射镜，沉积工艺提供了保障。多层膜表面的污染导致反射率降低和寿命减少，防止污染也是EUV光刻领域必须经历的技术路径。

膜层设计是EUV光刻物镜工程化设计中必不可少的环节。为了支撑中国实现自主研制超高NA EUV光刻系统，有必要针对应用于未来11nm以下技术节点的超高NA EUV光刻物镜系统，探索膜层设计的新技术以及新工艺。本报告分别就膜层设计涉及的四个主要方面：反射率的提高、多层膜结构、沉积工艺以及防止污染的技术路线和相关专利进行了梳理。膜层设计技术路线如图5－3－1（见文前彩色插图第6页）所示。

5.3.1.1 提高反射率

保持多层膜的高反射率是对EUV光刻系统最基本的要求。在多层膜的结构方面，重点关注的是反射率的提高。1998年，美国加利福尼亚大学提出一种用于EUV光刻系统的生产具有高反射率（>60%）和低应力（<100MPa）的反射多层膜或涂层的非热或无热方法（WO1999042901A1），通过在衬底（光学）和反射多层膜之间提供缓冲层，使应力的大小降低到100MPa以下，减少反射率损失最小（~1.5%），在示例中利

用 Mo/Si 和 Mo/Be 制备多层膜，但是其他含钼材料均可用于多层膜，例如 Mo/Y、Mo_2C/Si、Mo_2C/Be、Mo/C 和 Mo/Sr。此外，Mo_2C/Si、Mo_2C/Be 和 a - C 或其他应力与多层应力相反且非常光滑的材料可用作缓冲层。

同年，美国加利福尼亚大学提出了对 NA 0.10 共轴 EUV 光刻四反投影物镜进行膜层设计（WO1999042905A1）。由于辐射波长的偏移等同于入射角的变化，参考 Mo/Si 多层膜在法向入射下的理论反射率对波长的曲线图可知，当辐射波长为 13.4nm 时，实现约 72% 的最大理论反射率，然而，辐射波长的 0.4nm 的偏差导致仅 12% 的反射率，因此，设计了光学系统通过利用在多层膜表面的高反射区域内的浅入射角来保持高的整体系统反射率。由于物镜各反射镜上入射角及入射角范围足够小，镀制周期性规整膜就能满足系统反射率及像质要求。

当前广泛应用于 EUV 光刻的多层膜是 Mo/Si 多层反射薄膜，每个 Mo 或 Si 层被涂覆到 EUV 光的 λ/4 的厚度，使得其将具有 λ/2 的周期。在这种类型的反射器中，入射光的一小部分从每个硅表面反射，层的厚度导致反射光波相干涉，层越多，反射的光越多。

Mo/Si 多层膜相对于波长为 13.5nm 附近的 EUV 的反射率为约 70%。以高吞吐量化、高分辨率化为目的，使用曝光波长为 11.5nm 附近的 EUV 的研究也正在开始。这主要是因为，使用了 Xe 的激光等离子体光源在 11.5nm 附近具有比 13.5nm 附近大数倍以上的强度，能够实现高吞吐量化，并且，还能够一并实现基于曝光光的短波长化的高分辨率化。

但在另一方面，Mo/Si 多层膜在 12.4nm 短的波长区域中反射率显著降低至约 40%。为了得到对曝光波长为 11.5nm 的 EUV 具有高反射率的多层膜，1999 年，法国原子能委员会率先提出具有宽光谱带的多层镜（WO2001042855A2），每一多层镜具有大于已知多层镜的频带（也称为频宽或带宽）。其中，每一多层镜包含一衬底和在该衬底上包含许多第一材料层和与第一材料层交替的第二材料层叠层，该第一材料具有原子序数大于第二材料，第一层和第二层合作反射远紫外辐射，叠层具有被反射的辐射到达其上的自由表面，各对相邻层的厚度是叠层深度的单调函数，该深度从叠层的自由表面出发计算，第一材料和第二材料可以分别为钼和铍或钼和硅。

同年，日立公司提出选择至少一层包含铍或 Be 的合金或化合物和至少一层包含钼或钼的合金或化合物的材料的组合（JP2001015406A），例如 Mo/Be 多层膜，来制作反射镜。由此，可得到相对于波长为 11.5nm 附近的 EUV 接近 70% 的反射率。

2001 年，Nikon 提出通过与多层系统的表面上的入射角分布相匹配地改变由具有较低折射率实部的材料制成的层与多层系统的表面上的相应堆叠的总厚度的比率，来加宽在其上实现 EUV 辐射的足够的反射率的波长带（US20030222225A1）。

在 2006 年，拉里奥媒体有限公司公开了具有金属反射涂层的反射镜（EP1882984A1），其中描述了由钼、钌、铑、钯、铌或锆构成的反射涂层，所述反射涂层对于直至 15°、部分地直至 20°的相对于镜面的入射角实现超过 60% 的反射率。

2007 年，Nikon 为了减少不希望的光，例如具有在除 EUV 区域之外的区域中的光谱的光，提出还可以向多层膜添加另一种膜来减少宽波长范围内的不期望的光（US20080266651A1）。

2011年，Zeiss设计了一种EUV反射镜元件（WO2012126954A1），反射镜元件包括多层布置，多层布置具有多个层对，每个层对包括由相对高折射率层材料构成的层和由（相对于其）低折射率层材料构成的层。除了分别由相对高折射率和相对低折射率材料组成的两个层之外，反射镜元件的多层布置具有至少一个有源层，该至少一个有源层被布置在辐射层和反射层之间，用于适应反射镜上的期望地或不期望地改变的入射角。同年，Zeiss提出DE102011005940A1，其多层结构还包括由压电活性层材料制成的多个活性层，其中所述活性层、非活性层、交替布置压电活性层材料选自：Ba（Sr，Zr）Ti O_3、Bi（Al，Fe）O_3、（Bi，Ga）O_3、（Bi，Sc）O_3、CdS、（Li，Na，K）（Nb，Ta）O_3、Pb（Cd，Co，Fe，In，Mg，Ni，Sc，Yb，Zn，Zr）（Nb，W，Ta，Ti）O_3、ZnO，ZnS或该组的至少一种材料与至少一种其他材料的组合。

2012年，Zeiss描述了用于EUV波长范围的反射镜（WO2013131648A1），所述反射镜对于在0～25°的至少一个入射角具有大于40%的反射率。

2013年，Zeiss提出一种反射镜（DE102013210533A1），特别是用于低于极紫外（beyond extreme ultraviolet，BEUV）微光刻的组合反射镜；在用于BEUV微光刻的反射镜中，对于多层布置的交替层，使用硼或碳化硼，特别是B_4C作为第一层的第一层材料，并且使用半导体或绝缘体作为第二层的第二层材料，所述半导体或绝缘体特别是基于碳或镧，但氮化镧除外。该反射镜可以反射5～10nm，特别是6.5～6.9nm的波长光谱中的BEUV光，并因此在硼的K吸收边缘附近，而同时可以尽可能地滤出波长在1～100μm，特别是3～5μm，优选5～20μm范围内的红外光。

2015年，Zeiss提出一种反射镜（DE102015204631A1），其中所述反射镜具有光学有效表面，所述反射镜还具有用于反射射到光学有效面上的电磁辐射的反射层堆叠，其中所述反射层堆叠具有由第一材料制成的吸收层和由第二材料制成的间隔层构成的交替序列；所述第一材料或所述第二材料包括磷或硫；其中反射镜设计用于小于11nm的工作波长。

2015年，Zeiss设计了一种反射来自EUV光谱区域中的第一波长范围的EUV辐射的多层反射镜（WO2016128029A1），包括基板和在所述基板上的层堆叠，所述层堆叠包括包含低折射率材料和高折射率材料的层，在所述第一波长范围内的给定操作波长下，所述低折射率材料具有比所述高折射率材料更低的折射率实部；在层堆叠的顶部还设置光谱纯度滤光器，所述光谱纯度滤光器有效地用作来自紫外（ultraviolet，UV）光谱区域中的第二波长范围的UV辐射的抗反射层，以增加所述多层反射镜的EUV－UV反射率比。

2016年，Jaiswal Supriya提出具有二维或三维纳米结构的EUV反射元件（US20160085003A1），能够实现在13.5nm的波长范围内操作并且具有约80%或更高的反射率。

2019年，APPLIED MATERIALS提出一种布拉格反射器（US20200333700A1），其

包括在基板上的反射层的多层堆叠，反射层的多层堆叠包括多个反射层，所述多个反射层包括第一材料 A 和第二材料 B 的反射层对以及在第一材料 A 和第二材料 B 之间的渐变界面层，其中渐变界面层具有厚度，并且渐变界面层包括在厚度上变化的密度梯度；通过使用涂覆有多层涂层的基板，已经获得了每个反射元件或掩模坯料约 65% 的反射率值，所述多层涂层强烈反射极窄紫外带通内的光，例如，对于 13.5nm EUV 光，12.5～14.5nm 带通。

5.3.1.2 多层膜结构

EUV 光刻技术采用了全反射式的曝光系统，光学元件主要为 Mo/Si 多层膜反射镜。多层膜的结构设计是 EUV 实现的关键技术之一。

在已知的 EUV 光刻系统中，尽管具有均匀厚度的反射涂层相对容易沉积，但是在成像情况下，其中在所利用的反射镜的那些区域上采用的辐射的进入角或入射角变化，它们通常产生较高的反射损耗，因为它们的层的厚度仅针对特殊选择的入射角或窄范围的入射角进行优化，另外还会产生不均匀的光瞳辐照度，导致远心误差或限制场的分辨率。采用渐变反射涂层允许在一定入射角范围内实现反射强度的更均匀分布。

2001 年，Zeiss 提出一种可在高 NA 下操作投影物镜的方法（EP1282011A2），其中这些反射镜中的至少一个具有无中心渐变反射涂层，该无中心渐变反射涂层具有相对于涂层轴旋转对称的膜厚度梯度，并且其中该涂层轴相对于投影透镜的光轴无中心布置，其允许在很大程度上校正沿所有图像方向的失真误差，并提供图像场的充分对称的高强度照明，同时保持适当质量的成像。另外，从光学角度来看，该投影透镜代表波前误差、失真、总透射率、场均匀性和均匀光瞳辐照度之间的合理折中。

2002 年，Zeiss 提出了反射镜也可以用于补偿反射镜或反射镜组的色差的技术方案（WO2004057400A1）。虽然理想的反射镜系统本身没有色差，然而，对于 EUV 反射镜系统，反射效果由根据布拉格反射器原理工作的层系统（所谓的多层）产生。在此，层材料（典型的为钼和硅）的光学常数起着核心作用。因为这些光学常数与波长相关，所以得到设有多层镜层的镜的具有的相应色差，对这些色差同样可以通过衍射结构来补偿。

2002 年，松下提出一种用于曝光系统的反射镜（US20040058253A1），在反射镜基板上形成用于反射 EUV 的反射层，以及在所述反射层上形成用于吸收红外光的化合物制成的吸收层，其中，所述化合物是酞菁。在反射镜上设置吸收层可以减少抗蚀剂膜的局部热吸收，从而可以防止通过显影抗蚀剂膜获得的抗蚀剂图案的形状劣化，进一步提高成像分辨率。

在具有相对高的 NA 的 EUV 范围的光学系统中，例如在用于 EUV 微光刻的投影物镜中，在光路中的某些位置处可能出现相对高的入射角变化，为此需要 EUV 反射镜，所述 EUV 反射镜的反射能力在相应出现的入射角范围上仅相对小地变化，为了将 EUV 辐射以尽可能高的比例提供给 EUV 光刻，尤其适用于掠入射的反射镜。

2008 年，ASML 将反射镜构造和布置成反射波长在 2～8nm 范围的辐射

（WO2009147014A1），其中多层反射镜具有交替层，交替层包括第一层和第二层，所述第一层和所述第二层选自由 Cr 和 Sc 组成的组，这些层包括 Cr 和 C 层、La 和 B_4C 层、C 和 B_4C 层、U 和 B_4C 层、Th 和 B_4C 层、C 和 B_9C 层、La 和 B_9C 层、U 和 B_9C 层、Th 和 B_9C 层、La 和 B 层、C 和 B 层、U 和 B 层、Th 和 B 层、La 化合物和 B_4C 层、U 化合物和 B_4C 层、Th 化合物和 B_4C 层、La 化合物和 B_9C 层、U 化合物和 B_9C 层、Th 化合物和 B_9C 层、La 化合物和 B 层、U 化合物和 B 层、Th 化合物和 B_9C 层、La 化合物和 B 层、U 化合物和 B 层以及 Th 化合物和 B 层；多层镜可以具有设置有覆盖层的反射表面，该覆盖层包括 Ru、Rh、Ta、Ti、Cs、Ba、C、Li、Ca 或其任何组合。

2013 年，Zeiss 发现含硼的反射涂层在 EUV 辐射的掠入射时具有更高的反射率，因此提出一种用于 EUV 波长范围的掠入射的反射光学元件（DE102013107192A1），其在基板上具有反射涂层，所述反射涂层包含硼。不等周期多层膜任意地决定所有层的膜厚，因此也能够在宽的角度范围内得到大致恒定的反射率；然而，不等周期多层膜的设计参数多，相应地，成膜时的调整参数也变多。

2013 年，Nikon 在基板侧起依次设置有第一等周期多层膜、调整层和第二等周期多层膜的多层膜反射镜（WO2015001805A1），在反射面内的每个位置或每个区域设定有不同的组合，以解决不等周期多层膜与设计的时间和劳力成本。

2014 年，Zeiss 提出一种 EUV 反射镜（DE102014200932A1），该 EUV 反射镜在大的入射角范围内仅具有很小的反射率变化，其多层布置包括多个层对，所述层对具有由高折射层材料和低折射层材料构成的交替层，其中所述高折射层材料在所述波长处具有比所述低折射层材料更大的折射率实部，其中：所述多层结构具有反射辐射的第一层组，所述第一层组具有十个或更多个第一层对；每个第一层对具有由具有第一层厚度的高折射率的第一层材料制成的第一层（H）、由具有第二层厚度的低折射率的第二层材料制成的第二层（L）以及对应于第一层对的所有层的层厚度之和的周期厚度（P）；所述层材料之一的层厚度能够根据周期数通过简单单调的第一层厚度变化函数来限定；并且所述层材料中的另一层材料的层厚度根据周期数和第二层厚度变化函数变化。

2016 年，Zeiss 提出了通过将横向材料变化与多层系统的表面上的入射角分布相关联，可以在更大的入射角范围内实现尽可能高的反射率值的技术方案（DE102016200814A1）。Zeiss 发现，通过在具有较低实部的折射率的层内或在具有较高实部的折射率的层内的两种或更多种物质的组合，可以对反射率的角度依赖性产生影响，使得在固定波长下，与未改变的多层系统相比，观察到具有较高反射率的入射角范围的加宽。

2017 年，格罗方德半导体公司提出了光学元件包括基板上的布拉格反射镜（US20180226166A1），布拉格反射镜包括具有多个周期的多层堆叠，每个周期包括具有厚度的第一混合层、具有厚度的第二混合层、第一纯层和第二纯层，所述第一纯层和所述第二纯层具有相应的厚度，所述厚度被选择成使所述多层堆叠的反射率最大化。

2021 年，北京理工大学提出超高数值孔径组合变倍率 EUV 光刻物镜及优化方法

（CN112286010A），使用变倍率的物镜系统设计方案，能够在增大垂直于扫描方向的像方视场尺寸的同时，减少曝光视场的拼接数，提高光刻质量和效率；物镜系统像方 NA 为 0.55 和 0.6。在该方案中改进了 codev 的 xy 自由曲面面型，增加了自由曲面系数的项数，增加了物镜的优化自由度；建立了变倍率光刻物镜系统膜层设计的渐进优化膜层设计方法，并对 NA0.6 和 NA0.55 的物镜系统设计实例给出了膜层设计方案，膜层平均反射率达到65%以上。

5.3.1.3　沉积工艺

随着技术的发展，对于多层膜反射镜，可以使用例如具有 Mo/Si、Mo/Be 和具有 40～100 个层对的 MoRu/Be 层堆叠的层系统，其中在 λ＝10～20nm 的 EUV 范围内可以实现 70%～80% 的峰值反射率，只需根据待反射的光的波长选择使用不同的膜层系统。然而，对于 EUV 反射镜应该使用具有尽可能低的热膨胀系数的材料，保证在热负荷下运行时保持稳定——这对多层膜制备的沉积工艺提出了更高要求。

2003 年，Zeiss 提出一种用于 EUV 投影物镜的反射镜，该反射镜由具有在过零温度附近的热膨胀系数的温度依赖性的斜率的材料制成，在一种有利的设计方案中规定，设置至少一个由玻璃陶瓷材料制成的反射镜和至少一个由无定形的钛硅酸盐玻璃制成的反射镜，即通过将材料适当地分配给各个反射镜，投影物镜的像差在局部的反射镜上被消除，即使在温度升高的情况下也改善了整个成像质量并且优化了散射光特性。

在 EUV 光刻系统中采用的 EUV 反射镜必须形成有高度准确和精确的反射表面形状（表面“图形”），其相对于反射光的波前像差具有极小的图形误差。Mo/Si 多层膜通常具有强压缩内应力，因此，当 Mo/Si 多层膜形成在光学元件的精确抛光的衬底上时，存在压缩应力使衬底变形的问题，导致光学系统中的波前像差，从而使光学性能劣化。然后，已经预期通过在作为常规类型多层膜的第一 Mo/Si 多层膜的下层中提供第二 Mo/Si 多层膜来减小多层膜的内部应力，其中 Mo 或 Si 的厚度不同于第一 Mo/Si 多层膜的厚度（WO2004109778A1）。

2005 年，Nikon 提供了具有精确参考表面形状的多层膜反射镜（US20070081229A1），通过在镜衬底的图形化表面上形成多层膜，由此形成具有轮廓的反射表面；多层膜包括以交替方式周期性沉积的 Mo 和 Si 的多个层对；在多层膜的“顶”表面的至少一个选定区域中，多层膜被“层加工”以去除多层膜的至少一个层，以产生所需的经去除的多层膜材料的平面内深度分布，然后，将 Si 或包含 Si 的材料的单层膜施加到多层膜的层加工表面，以填充在通过局部去除多层膜材料形成的选定区域中形成的对应物。由于单层膜在多层膜的表面上，因此单层膜还具有基本上符合多层膜的表面轮廓的深度分布。利用单层膜的这种配置，即使在单层膜的“顶”层上存在均匀厚度的覆盖层，也防止了从多层膜移除的材料量的变化引起的相位和反射率的变化，因此提供了具有高度精确表面轮廓的多层膜反射镜。

2006 年，Nikon 提出一种其光学性能通过将合金层设置在所述多层膜与所述衬底之间的方法来减小内应力的方法（US20080123073A1）。

2010年，Zeiss提出光学元件在基板的第一侧上具有功能涂层，在基板的第二侧和第一侧共同的边缘设置涂层，用以补偿在边缘区域中出现的变形（DE102011079933A1）。

2013年，Zeiss提出一种在长时间内持续的高热负荷下，光学特性也不会受到损害或仅受到轻微损害的具有多层涂层的光学元件（DE102013207751A1），多层涂层通过借助（至少一个）第一层系统的膨胀来补偿（至少一个）第二层系统的收缩；此外，也可以优化各个层系统的（分别两个或更多个）堆叠的数量的比例（周期的数量），以便获得涂层的尽可能好的热和光学性能。

在多层沉积期间界面层的形成，降低了布拉格反射器的反射率。当在交替层之间形成不同的界面层时，存在对EUV光具有低反射率的界面，导致多层堆叠的总反射率降低。另外，不同的界面层具有比交替层更高的粗糙度，导致在随机方向上散射入射光的界面粗糙度。散射效应降低了多层叠层的总反射率。因此，仍然需要改善多层堆叠在EUV波长下的反射率。

2014年，Zeiss提出用于微光刻投射曝光设备的反射镜（DE102014204660A1），所述反射镜允许在相关光学系统或投射曝光设备的操作期间实现高反射率或低光损失，对于预定工作波长的电磁辐射具有至少0.5的反射率，其中所述反射镜具有至少一个层，其具有由第二周期元素和4d副族元素组成的化合物。

2014年，应用材料公司提供一种EUV反射元件（US20160011344A1），其包括：衬底；在所述基板上的多层堆叠，所述多层堆叠包括具有第一反射层和第二反射层的多个反射层对；以及在所述多层堆叠上和上方的覆盖层，所述覆盖层由氧化钛、氧化钌、氧化铌、钌钨、钌钼或钌铌形成，并且所述覆盖层用于通过减少氧化和机械侵蚀来保护所述多层堆叠。

2015年，ASML提供了一种包括多个周期的多层反射器（WO2017076694A1），每个周期包括低折射率层和高折射率层，其中：在至少一个周期中，低折射率层包括Mo，高折射率层包括化合物，该化合物包括选自Si、Rb和H的至少两种元素的组合，Rb的存在将在热力学上改善和保护Mo/RbxSiy界面的锐度（并因此改善和保护反射率）。这也意味着多层反射器的热/化学稳定性显著增加，因此寿命显著增加。

2015年，Zeiss在镜元件中设置补偿层（DE102015225510A1），所述补偿层在其对镜元件的曲率的影响方面至少部分地补偿由层堆叠施加的弯曲力的变化。

2017年，Zeiss提出提供一种用于EUV波长范围的反射镜（DE102016209273A1），该反射镜具有与现有技术相比简化的保护层系统，该反射镜在低表面粗糙度值的情况下降低穿过层布置的EUV辐射的透射，并且产生用于补偿层布置中的层应力。

2019年，Zeiss提供一种反射镜装置以及一种具有至少一个这种反射镜装置的光学装置（DE102019213345A1），其中减少了由反射镜装置周围环境中的湿度变化引起的基板变形，其中吸收水蒸气的材料的表面，特别是黏合剂层的表面，至少部分地，特别是完全地被形成水蒸气扩散屏障的涂层覆盖。其原理是：由材料吸收的水蒸气的量借助于涂层形式的水蒸气扩散屏障总体上减少，即材料比没有涂层的情况下吸收水蒸气更慢，也就是说，通过用作水蒸气扩散屏障的涂层延迟水蒸气进入材料中，以这种方式可以降低每单位时间传递到基底上的力或应力，从而相应地减少了在衬底中的不期望的变形。扩散阻挡层具有至少一种材料，所述材料选自包括以下的组：Al_2O_3、SiO_2、Ta_2O_5、TiO_2、HfO_2、ZrO_2、Nb_2O_5、La_2O_3、Al、Ta、Ti、Ru、SixCyOzHv、聚对二甲苯（尤其是卤化的，特别是氟化的聚对二甲苯）、含氟聚合物［尤其是聚四氟乙烯（Teflon 或 Teflon 种类，例如杜邦的 Teflon AF）以及它们的混合物。

5.3.1.4 防止污染

近年来，随着对光刻工艺中的小型化的需求的增加，光刻工艺中的防止污染问题变得突出且显著。其中一个问题是由于 EUV 光刻工艺中的 EUV 光照射，污染物黏附到曝光装置中的反射镜。

作为针对由氢引起的层离效应采取措施的一种方案，2013 年，Zeiss 和 ASML 联合提出在反射涂层上设置针对反应性氢的保护层系统（WO2014139694A1）；2014 年，又联合提出在反射涂层上设置抗润湿层（DE102014216125A1），用以避免由污染引起的对反射特性的损害。

2015 年，Zeiss 提供由贵金属制成的保护层，通过由该贵金属构成的保护层，使氢化物的形成变得困难或避免氢化物的形成，并且减少或消除反应性氢颗粒的复合或在部件的靠近表面的区域形成水（DE102015215014A1）。

2016 年，Zeiss 提出另一种用于 EUV 光刻的反射光学元件（DE102016213831A1），以降低反射涂层破裂或剥落的风险，其在反射涂层和基底之间布置有功能层，通过该方法将在衬底的朝向反射涂层的一侧上的以原子% 计的氢浓度降低至少 2 倍。

2017 年，Zeiss 提出一种用于微光刻投射曝光设备的反射镜（DE102017211824A1），可以实现在反射镜的操作期间尽可能地避免氢自由基对反射特性的不利影响，具体通过使用具有耐氢自由基的涂层的保护遮光板来防止或减轻开头所述的由于在 EUV 辐射下产生的氢自由基的有害影响而导致的镜面退化问题。

2018 年，Zeiss 提出一种用于 EUV 范围内的光的反射镜设备的光学表面的减少污染的方法（DE102018218196A1），反射镜体至少在反射镜前侧的区域中包括含硅材料。附加地或替代地，反射镜体可以至少在过渡区域中和/或在自由表面区域中具有（优选地接近表面的）氧化硅层；利用这样的氧化硅层，可以以简单的方式可靠地延迟硅烷形成的开始。

为了解决污染问题，现有技术中还有使用通过用诸如氢自由基的氢气氛填充曝光室的内部来抑制 EUV 曝光期间污染物的黏附的技术，以及用于通过氢等离子体去除污染物的清洁方法等。然而，在应用上述技术的情况下，出现了所谓的“起泡”的新问题，所述“起泡”是由于氢侵入到面罩的膜中并聚集而产生膜的凸起而引起的。当膜由于气泡的出现而膨胀和破裂时，在曝光室内部会引起由粉尘产生的污染。

2019 年，保谷株式会社（HOYA CORP.）描述了一种反射膜涂覆的基板（US20210063866A1），其能够减少气泡的发生，特别是在延伸到基板的端面上的反射膜中，所述反射膜作为多层结构形成在所述主表面中的一个上，所述多层结构包括交替形成的低折射率层和高折射率层，其中，所述低折射率层中的第一元素的含量（原子%）高于所述低折射率层中的任何其他元素的含量（原子%），并且所述高折射率层中的第二元素的含量（原子%）高于所述高折射率层中的任何其他元素的含量（原子%），所述第二元素是与所述第一元素不同的元素，并且所述反射膜作为包含所述第一元素和所述第二元素的单层延伸到所述端面上。

5.3.2 多镜投影物镜系统整体设计

EUV 光刻是 16～22nm 光刻技术节点的候选技术之一，因曝光波长为 13.5nm，其投影物镜优化设计和制造面临较大的挑战；其技术路线如图 5－3－2 所示。

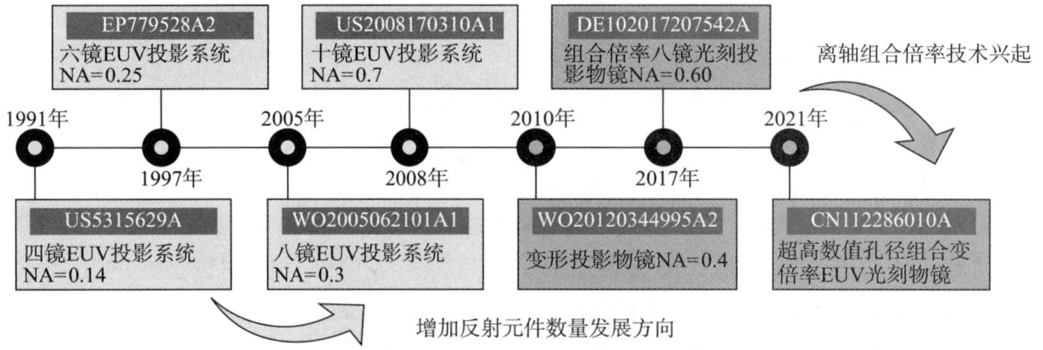

图 5－3－2　投影物镜多镜投影物镜系统整体设计技术路线

为了提高 EUV 投影物镜的 NA，增加反射元件的数目是一种手段，而增加反射元件数目会降低投影物镜系统的总反射率，且随着 NA 的增大，EUV 反射投影物镜的设计受反射率随入射角度变化的制约。另外，物镜 NA 的增大导致反射镜口径的增加和中心遮拦的引入，这使得系统结构参量与像差之间的关系更加复杂，对加工与装调公差的要求也更为苛刻。通过上述技术路线分析发现，10nm 以下光刻技术牵引 EUV 光刻物镜向超高 NA、组合倍率设计形式发展，物镜系统需要同时具有大视场和高 NA；根据理论研究，采用组合倍率投影物镜，沿着 Y 反向的 6°斜入射角可以支持最大 0.836 的 NA，足够今后一段时间应用。但制作变形镜要比制作旋转对称的物镜困难得多，主要是因为需要加工、检测和工装非旋转对称的非球面曲面——这对物镜设计工艺提出了新的要求。

5.3.2.1 增加反射元件数量

1991 年，美国能源部提出一种 EUV 反射式光学成像系统（US5212588A），包括在物体和与反射镜同轴的像场之间的第一和第二同轴四个反射表面，使用 40% 的中心遮蔽，在 13nm 处，NA 为 0.11，可以实现 0.1μm 限宽的分辨率。加州大学提出的 US5315629A 专利申请中描述了一种四反射镜投影系统，包括从物平面到像平面包括第一凹面镜、第二凸面镜、第三凹面镜和第四凹面镜，系统在图像处的 NA 为 0.1，可以实现 0.08μm 的分辨率，并且如果不需要 0.08μm 的高分辨率，则可以减小 NA；NA 可以增加到 0.14。

一般而言，若将一片多层膜反射镜的反射率设为例如 67%，则由四片反射镜构成的反射型投影光学系统虽然能够综合地得到20%左右的反射率，但NA仅能够达到0.1左右，因此无法期望分辨率的提高。

1997年，ASML提出一种用于低于约200nm的波长并具有相对高的NA的投影光学系统（EP779528A2），涉及EUV短波长反射，包括三个反射镜对。在一实施例中，残余像差足够小以允许在大约13nm的波长下使用，晶片附近的图像空间中的NA为大约0.25，提供了0.03μm的工作分辨率。

1999年，EUV LLC公开了一种用于EUV光刻的高NA环形场投影系统（US6262836B1、US6188513B1、US6318869B1和US6183095B1），该全反射光学系统包括至少六个反射表面，该系统使得每个反射表面以低入射角接收EUV光，并且具有0.2和0.3之间或更好的NA、被校正为优于1.5nm的失真以及等于或基本上大于2mm的环域宽度。

2001年，Nikon提出一种投影光学系统（WO2003005097A1），具备6枚反射镜，把第一面的缩小像形成在第二面上的投影光学系统中，其NA为0.25。

2003年，Canon提出一种投影光学系统（US20050094257A1），包括六个反射表面，以及沿着第一反射表面与第二反射表面之间的光路的孔径光阑，并且其中满足以下条件：其中L1是对象表面与最靠近对象表面的表面顶点之间的间隔（或对象表面与六个反射表面的六个表面顶点中最靠近对象表面的表面顶点之间的距离），并且L2是所述第一反射表面的所述表面顶点与最靠近所述对象表面的所述表面顶点之间的间隔，且满足$0.75 < L1/L2 < 1.25$，可以实现0.23~0.27范围的NA。

2005年，Zeiss提出一种微光刻投影光学系统（US20070058269A1），包括：多个元件，所述多个元件将波长λ的辐射从物平面成像到像平面，所述元件中的至少一个是反射元件，所述反射元件具有定位在所述辐射的路径中的旋转非对称表面，其中所述旋转非对称表面与对应于以下等式的表面偏离约0.5λ或更小的距离，光学系统具有大于0.3的像侧NA。Nikon在专利申请WO2005062101A1中提出一种由8个反射镜构成的反射光学系统，所有反射镜的中心曲率半径的绝对值满足300~5000mm的范围，避免了光线向反射镜的入射角并不大，但反射镜的中心曲率过大的问题，像侧NA优选为至少0.3以上；另外，NA进一步可以优化为0.45。

2006年，英特尔提出一种用于光刻的光学投影系统（US2008118849A1），所述投影系统包括用于将光刻掩模的反射成像到晶片上的至少八个反射表面，反射光学系统是遮蔽的八镜系统设计，所述系统具有至少0.5的NA。

2008年，Zeiss提出一种具有十镜的成像光学系统（US2008170310A1），其中，至少一个反射镜的反射表面呈自由形状表面的形式，所述自由形状表面不能由旋转对称函数描述，NA可提升至0.7。

2009年，Zeiss提出一种NA为0.6的八镜EUV投影物镜系统（WO2010099899A1）。

2010年，Zeiss设计了成像光学系统，其中照明光在每种情况下以接近垂直入射的入射角（例如以小于15°、小于10°或小于8°的入射角）照射在反射镜上，这有助于在反射镜上设计高反射涂层，成像光学系统的像侧NA可以大于0.3。同年，Zeiss利用环形场，获得了在像场侧上的NA为0.7的投影光学系统（WO2012013241A1）。

2011年，Zeiss提出具有0.45的像侧NA成像光学单元（WO2012098062A2），其成像光学单元的缩小比例是4x；对于物场的中心场点，成像光相对于物平面的法线的主光线角度（chief ray angle，CRA）为9.5°，并切向偏振减少了成像期间令人烦恼的偏振影响。

2012年，Zeiss提出具有大于0.5的像侧NA的成像光学单元（US20140038110A1），并且在所述成像光学单元的使用期间，所述成像光学单元在像场上具有最大0.3nm的波前像差，以及在至少一个维度上的像场具有至少10mm的范围。

2014年，北京理工大学提出一种缩放比为4倍的离轴EUV投影光刻物镜（CN103901593A），该物镜结构紧凑，整个视场无光路遮拦，在掩模中心视场光线入射角等于6°的情况下实现了大小为0.4的像方NA，既保证了光刻系统工作时掩模具有良好状态，又能满足目前16nm及以下节点的高分辨率成像要求。

2016年，Nikon提出消像散双镜系统（US2017336715A1），其被配置为Schwarzschild型物镜，以提供1D图案从图案源到工件上的光学成像，其中NA为0.4～0.6，实现了2D图案从掩模版光学转印并成像到工件上，降低EUV系统的设计和制造成本。

2018年，Zeiss提出一种成像光学单元具有大于0.6的像侧NA的EUV光刻成像系统（DE102018201170A1），成像光束路径中的第一反射镜相对于物平面在物平面反射镜半空间中；所述成像光束路径中的最后一个反射镜位于相对于像平面的像平面反射镜半空间中；所述物平面反射镜半空间通向由从所述物平面发出的所述物平面的法线的方向指定的物平面反射镜半空间方向，所述法线延伸到所述物平面反射镜半空间中；所述像平面镜半空间通向像平面镜半空间方向，所述像平面镜半空间方向由从所述像平面发出的所述像平面的法线的方向指定，所述法线延伸到所述像平面镜半空间中；以及物平面镜半空间方向和像平面镜半空间方向之间的半空间方向角小于30°

2019年，Zeiss提出一种具有10个反射镜的用于投影光刻的成像光学单元（DE102019202759A1），像侧NA至少为0.5。

2019年，长春光机所提出一种混合式投影物镜（CN111025854A），照明光源可选自EUV及VUV波长的中一种，一共使用了两片反射镜和一个衍射元件，通过反射衍射混合的结构形式，很好地校正了各项像差，使光学系统具有更大的视场范围；通过二次成像补偿衍射元件的引入，可以控制光学系统大NA引起的球差和彗差的高级量，增大了成像系统的相对孔径，从而可以获得更好的成像分辨率，具体地，第一反射镜和反射镜的有效焦距可以为f＝2.456mm，像面NA＝2.5，波长＝13.4nm±0.00067nm，其光学全长253.56mm，其像面20全视场达到Φ0.04mm，放大倍率0.2倍，边缘视场畸变<0.6nm。

5.3.2.2 离轴组合倍率技术

为了应对越来越高的NA需求，Zeiss提出了一种离轴组合倍率EUV光刻投影物镜设计思想，作为7nm及以下技术节点的解决方案。

2010年，Zeiss将EUV投影物镜设计为变形投影物镜（WO2012034995 A2），第一方向上的第一成像比例与垂直于第一方向的第二方向上的第二成像比例不同，至少0.4的像方NA。2014年，Zeiss利用组合倍率的设计方式（DE102014223453A1）实现了高达0.55的NA的EUV投影物镜，该物镜系统使用八面反射镜，其中四片反射镜小角度入射，其余四片反射镜掠入射，同时使用了扩展的XY多项式自由曲面，仅单面反射镜面型系数就达到了50多项。由于EUV多层膜对小角度，单层介质膜对掠入射角度具有良好反射率，所以即使该系统使用了八面反射镜也能得到良好的反射率，这是该组合倍率物镜的唯一优点。由于该种物镜形式结构极不合理，自由曲面形式过于复杂，难以用于实际工程设备研制。为确保具有成像光学单元的像侧NA的均匀化，Zeiss提出用于EUV投影光刻的成像光学器件（DE102014223811A1），其相对于光轴上的法向平面倾斜至少1°，其中所述孔径光阑具有圆形的光阑轮廓，其中，孔径光阑相对于法向平面的倾斜由此在孔径光阑撑开的两个维度中的一个维度上引起孔径光阑在法向平面中的有效直径的变化并且由此引起NA的变化，孔径光阑相对于法向平面的倾斜的该自由度尤其在离轴的场中和/或在例如具有不同于1的纵横比的轴向场中实现了NA的均匀化并且因此实现了与入射方向无关的最大入射角的均匀化，像场侧的NA可以例如在0.2和0.7之间的范围内。

2015年，Zeiss公开了NA 0.50组合倍率八反射镜的光刻投影物镜的设计专利（DE102015212619A1）、NA 0.55组合倍率六反射镜的光刻投影物镜的设计专利（DE102015226531A1）和NA 0.55组合倍率十反射镜的光刻投影物镜的设计专利（DE102015221983A1）。其中，物镜系统使用7阶的XY多项式自由曲面，相对于之前发表的专利，在结构与面型上具有更好的可制造性。

2016年，北京理工大学提出一种组合放大倍率的成像物镜系统设计方法（CN105652439A），并依据该方法设计了一种投影物镜系统，系统总长（物面到像面的距离）为1476.46mm，属于光刻物镜系统的合理长度；像方远心度小于1mrad，保证了像面有微小轴向移动的情况下物镜的放大倍率不变；在物方中心视场主光线角度为5.68°的情况下，NA达到了0.5，结合分辨率增强技术可实现8~10nm技术节点；非对称缩小比可实现对半个硅片面积进行扫描曝光，提高了生产效率。

2017年，Zeiss公开了NA 0.60组合倍率八反光刻投影物镜的设计专利（DE102017207542A1）、NA 0.55组合倍率十反光刻投影物镜的设计专利（DE102017210990A1）和NA 0.5组合倍率十一反光刻投影物镜的设计专利（DE102017210269A1）。其中，两个成像光平面xz、yz中的其他缩小比例也是可能的，例如3x、5x、6x、7x或大于8x的缩小比例。

2021年，北京理工大学提出超高NA组合变倍率EUV光刻物镜及优化方法（CN112286010A），使用变倍率的物镜系统设计方案，能够在增大垂直于扫描方向的像方视场尺寸的同时，减少曝光视场的拼接数，提高光刻质量和效率；物镜系统像方NA为0.55和0.6。在该方案中改进了codev的xy自由曲面面型，增加了自由曲面系数的项数，增加了物镜的优化自由度；建立了变倍率光刻物镜系统膜层设计的渐进优化膜层设计方法，并对 NA0.6 和 NA0.55 的物镜系统设计实例给出了膜层设计方案，膜层平均反射率达到65%以上。

5.4 重要专利技术介绍

与 EUV 光源的重要专利分析相类似，根据大 NA 的 EUV 投影物镜专利申请的同族专利数量、被引用次数和法律状态等多方面因素，筛选出投影物镜领域的重要专利。

这些重要专利主要涉及了 EUV 光刻机投影物镜中在反射镜膜层设计和多镜投影光学系统整体设计方面的重要专利，主要涵盖了对膜层材料的改进以期提高反射率，对多层反射镜膜层的制造工艺的改进以解决应力变形和污染等问题，以及调整 EUV 投影物镜系统的具体设计参数以实现增大该投影物镜系统的 NA。

具体的重要专利的主要内容及相应著录项信息可参见本报告的附件中附录 2 中的投影物镜膜层设计重要专利列表和投影物镜多镜系统整体设计重要专利列表。

5.5 全球科技文献情报分析

针对大 NA 这一技术分支，对科技文献进行了检索，梳理了其中近几年的重要的科技文献。得出以下几点结论并梳理以下的一些重点文献：

EUV 光刻使用波长为 13 ~ 14nm 的光源照明，由于几乎所有已知光学材料在这一波段都具有强吸收性，无法采用传统的折射式光学系统，所以 EUV 光刻系统的照明系统、掩模和投影物镜均采用反射式设计，多数物镜设计使用偶数片反射镜，掩模和硅片置于投影物镜两侧，保证同步工件台有足够的装设空间。为使光刻机掩模工件台和硅片工件台以适当速度同步扫描，EUV 光刻投影物镜的放大倍率通常为 1/4 或 1/5。

世界三大光刻机厂商 ASML、Nikon 和 Canon 都极为重视 EUV 投影物镜的设计和制造。已经公开的 EUV 投影物镜设计按镜片数目可分为二反射镜、四反射镜、六反射镜、八反射镜和十反射镜设计等。根据前一章节的分析可知，二反射镜和四反射镜设计多用于 EUV 光刻原理装置、实验样机和测试系统，六反射镜设计能满足 22nm 以下节点技术产业化对 EUV 光刻物镜的需求；八反射镜和十反射镜设计主要用于学术研究和技术基础研究。

典型六反射镜设计有 Zeiss 的 Rusell Hudyma、J. M. Bratt 的设计等，SVG 公司的 David. M. Willianmson 的设计以及 Nikon 公司的 Tomowaki 的设计等。以上设计的像方 NA 多为 0.25，视场宽度为 1.5 ~ 2mm，放大倍率均为 1/4。具体参见专利研究部分的技术路线，对主要公司的研发路径已经给出详细阐述。

由于专利数据由申请到公开需要一定的时间，根据国家不同，这段时间最长可达 3 ~ 4 年。在欧美地区还有一部分属于“潜水艇”类型的专利：“潜水艇”类型的专利只有授权后才向公众开放；很多高科技公司为了保护技术内容，使用各种合法手段拖延专利公开时间，导致专利披露数据具有一定的滞后性。而非专利数据通常不会有这样的问题，某些学术网站（如 arXiv. org）能够快速发表和获取最新的技术文献，在光刻机领域也有固定的期刊、会议供学术界进行交流探讨，如 International Conference on Extreme Ultraviolet Lithography（EUVLS）会议已经连续举办多年，其他还有 European Mask and Lithography Conference（EMLC）和 Conference on Image Sensing Technologies – Materials，Devices，Systems，and Applications 以及 Photomask Technology Conference 等会议。通过研究这些最新的会议进展，能够弥补专利分析中缺乏近几年数据的缺陷，对专利数据起到辅助分析的作用。

IBM 的研究人员 Allen Gabor 在 2021 年的会议 Conference on Extreme Ultraviolet（EUV）Lithography XII 上发表了高 NA“半场”印刷对套刻误差的影响，文章指出高 NA EUV 光刻虽然简化了工艺流程，但是会增加覆盖误差复杂性，具有将重叠误差最小化回到两个半场的全场导致在两个半场之间的新的所需重叠控制以实现低重叠误差的特性。用于半场曝光的拼接重叠控制非常有助于在利用全场曝光图曝光的层与利用半场曝光图曝光的层之间实现良好的重叠误差。为了解决这个问题，其设计了具有独特的黑边的测试光罩，允许步进计划以半场或全场曝光来曝光。为了获得快速学习，其设计光罩以利用抗蚀剂到抗蚀剂的重叠目标，当在两次曝光之间存在经编程的 180μm 步长 Δ 时，所述抗蚀剂到抗蚀剂的重叠目标彼此啮合。其还研究了曝光顺序以及半场和全场步进规划之间的扫描和步进方向差异的影响。

比利时鲁汶大学的 Joren Severi 在 2020 年发表了 *Dielectric Response Spectroscopy as Means to Investigate Interfacial Effects for Ultra – Thin Film Polymer – Based High NA EUV Lithography*，研究基于超薄膜聚合物的高 NA EUV 光刻的界面效应的手段的介电响应光谱法，评估当前抗蚀剂材料对于高 NA 体系的准备性，以符合分辨率、线边缘粗糙度和灵敏度（RLS）的苛刻要求，通过观察基于聚合物的抗蚀剂的玻璃化转变温度（T – g），开发了研究降低膜厚度和不同图案化相关底层的相互作用的方法，使由于抗蚀剂添加剂［光酸产生剂（PAG）和淬灭剂］导致的结果的模糊性最小化。

2020 年，Zeiss 联合 ASML 和弗劳恩霍夫协会在 *JOURNAL OF MICRO – NANOLITHOGRAPHY MEMS AND MOEMS* 杂志共同发表了 *Perspectives and Tradeoffs of Absorber Materials for High NA EUV Lithography*，研究了下一代数值孔径为 0. 55 的 EUV 系统，具有提供亚 8nm 半间距分辨率的潜力；在较小特征尺寸下随机效应的重要性的增加进一步要求扫描仪和掩模提供高对比度图像；使用严格的掩模衍射和成像模拟来理解 EUV 掩模吸收器的影响，并确定用于高 NA EUV 成像的最合适的光学参数。对各种使用情况和材料选择的模拟，指示出两种主要类型的解决方案：高消光材料，尤其是用于线间隔的材料，和可提供相移掩模溶液的低折射率材料。EUV 相位掩模与 DUV 的相移掩模的表现非常不同。经过设计的低折射率材料和掩模可以开辟朝向高对比度边缘印刷的新途径。

Zeiss 在 2020 年发表了 *High – NA EUV Lithography Optics Becomes Reality*，披露 ASML

的“NXE：3400”在NA为0.33的Zelss Starlith3400光学器件进入客户工厂的大批量制造，且Zeiss正在开发NA为0.55的高NA光学器件。该光学器件包括高度灵活的照明系统和投影光学器件，其能够实现低于8nm半间距分辨率的单次曝光。在该文章中，Zeiss给出高NA EUV程序的进展的概述，其中已经开始生产第一反射镜和框架。

2020年ASML的Jan Van Schoot与Zeiss的Joerg Zimmermann等人联合发表了*High－NA EUV Lithography Exposure Tool：Program Progress*，给出了高NA EUV光刻曝光工具的进展进度：ASML和Zeiss在NA为0.55的EUV曝光工具上并行地进行研发，这种高NA扫描仪的目标是分辨率到8nm。高NA光学系统与掩模和抗蚀剂的发展一起提供了增加的对比度，是控制对EPE的随机贡献和印刷缺陷的错误率的关键。该文章确定了能够提供所需NA的新颖透镜设计；该透镜将与新的和更精确的传感器配对，从而能够进行未来的处理节点所需的紧密聚焦和重叠控制。在该文中还描述了对系统架构的影响和提出的解决方案。

2019年，Zeiss的C. Zahlten发表了*High－NA EUV Lithography－Pushing the Limits*，揭示了ASML和Zeiss共同开发了NA为0.55的EUV扫描系统，提出导致大的反射镜尺寸的高NA、引入中心遮蔽和导致从全场到半场的转变的变形透镜设计的暗示。高NA的结果是减小的焦深，这是通过系统的改进的聚焦控制来处理的。相对于NA0.33，高NA工具的像差水平将显著降低，这是通过伴随有先进的反射镜制造工艺的极端非球面来实现的，其中校正降低到原子尺度。为了使反射镜制造达到这种精度，通过将整个测量过程转移到真空中来推出反射镜度量的极限。

以上若干篇文献均是2019～2021年的关于EUV领域大NA的学术文章，发布机构集中在欧美国家的几个重点实验室以及ASML、Zciss、IBM等光刻机主要巨头。从技术角度看，近几年研究文章主要围绕膜层、抗蚀剂、污染改进以及相关配套验证工具的研发上；在研究方向上没有明显的倾向，包括在使用大NA物镜上怎样配合掩模和抗蚀剂增加对比度，抗蚀剂材料的改进以及对于反射镜制造工艺的改进。

国内研究方面，2009年，光电所的杨雄团队发表《极紫外投影光刻物镜设计》，设计出一套系统，引入了像方远心、物方准远心、固定放大率、Petzval条件和物像共轭关系等约束，通过计算确定第一面反射镜、最后一面反射镜、光阑所在反射镜的曲率以及物距和像距；编写近轴搜索程序搜索出初始结构；该系统由六反射镜组成，NA 0.25，像方视场26mm×1mm，畸变3nm，分辨率优于18000cycle/mm。

北京理工大学光电学院的光电成像技术与系统教育部重点实验室在EUV光刻投影物镜方面有深入研究。该实验室的李艳秋团队在2011年发表《大数值孔径产业化极紫外投影光刻物镜设计》，其中对六镜系统进行设计，2014年提出了《共轴极紫外投影光刻物镜设计研究》，在EUV光刻投影物镜的初始结构设计方法、非球面结构成像系统优化方法、EUV光刻照明系统的初始建模与优化等方面开展了深入的研究，提出全球面共轴反射投影物镜分组设计的方法和人机交互设计程序。其中，分组设计方法将复杂投影物镜分为若干镜组，根据各镜组的光路特点、反射镜结构和系统结构参数的特征，选取适当的计算条件分别计算各组反射镜的结构参数；通过物像匹配和光瞳匹配规则进行衔接，进而得到全光路无遮拦或中心遮拦较小的共轴全球面初始结构设计，能够在短时间内给出大量备选的初始结构设计，可以设计六枚反射镜、八枚反射镜，十枚反射镜构成的成像物镜的初始结构，对应的 NA 在 0.3 ~0.7 范围内。

李艳秋团队在梯度膜设计中也有研究，2020 年发表《组合倍率极紫外光刻物镜系统梯度膜设计方法》，提出了渐进优化膜层的设计方法，提高了镀制膜层的物镜系统的反射率，保证了组合倍率物镜系统的成像质量；对 NA 为 0.6 的组合倍率物镜系统进行了膜层设计，含膜 EUV 光刻物镜系统的平均反射率大于 65%，各反射镜的反射率峰谷值均小于 3.35%，反射率均匀性良好。在热变形方面，其 2019 年发表《16nm 极紫外光刻物镜热变形对成像性能影响的研究》，对 NA 为 0.33 且满足 16nm 技术节点的典型 EUVL 物镜进行热变形仿真研究；采用有限元软件 ANSYS 仿真曝光过程中反射镜的瞬态温度和变形分布；以 Zernike 多项式为接口拟合变形面，分析热变形对成像性能的影响；物镜的最高温升和最大变形分别为 3.9℃ 和 10.2nm，高温态物镜的热变形引起的最大波像差均方根和畸变分别为 0.1λ 和 56nm，超出了合理范围；M3 和 M4 反射镜热变形累加引起的波像差和畸变的占比分别为 88% 和 99%，对成像性能的影响起主导作用，需要对其进行严格控温。

长春光机所应用光学国家重点实验室也在 EUV 的投影物镜方面有长期的研究，如在多层膜方面，金春水团队在 2014 年发表了《极紫外光刻投影物镜中多层膜分析模型的建立及应用》，从能量调制的角度提出了一种基于能量守恒定律的多层膜等效工作界面模型，将光学薄膜中复杂的物理光学过程等效地转换为简单直观的几何光学过程，获取可被常用光学设计软件识别的数据，进而实现对有膜光学系统的分析；利用该模型对不同系统进行了分析优化，获得了一套可实现衍射受限成像的有膜系统方案，证明了基于能量守恒的等效工作界面的有效性。2016 年其发表了《极紫外光刻照明系统宽带 Mo/Si 多层膜设计与制备》，采用 Si 层有效厚度与公转速度关系式和多层膜周期厚度与公转速度关系式，完成了宽带 Mo/Si 多层膜设计膜系的制备，采用 Levenberg - Marquardt 算法完成了宽带膜系设计，设计结果为在 16.8° ~24.8°范围内 R =42% ±1%；根据 Mo/Si 多层膜周期厚度和 Si 层有效厚度与公转速度的对应关系制备所设计的膜系，并对其 EUV 波段反射率进行测量，实验结果为在 16.8° ~24.8°范围内 R =41.2% ~43.0%，实验结果与设计结果吻合。

从以上国内从事 EUV 研究的团队的发表的科技文献情况来看，相比专利记载的技术演进时间点，国内研究机构方面多是科研院校以论文形式发表，且研究内容多处在与国外同行进行跟随和复现。由于缺少真正样机，国内科研人员的研究内容也多体现为理论验证和软件仿真模拟。国内在 EUV 光刻的大 NA 研究方面还亟待提高。

通过分析近几年的 EUV 光刻机中大 NA 细分领域的国外科技文献数据，可以看到国外最新研究趋势：在镀膜技术中，可以采用 FIN 抗蚀剂来提高 NA，如控制抗蚀剂的剂量、抗蚀剂膜厚度（FT）和线宽粗糙度（LWR），还可以采用超薄膜聚合物、抗蚀剂平台响应于膜厚度的变化等技术手段。

在曝光技术中，可以通过黑边的测试光罩以半场或全场曝光来曝光消除误差，也可以通过替换傅立叶合成光瞳扫描镜来改进倍频曝光，还可以通过修补控制软件控制焦点曝光矩阵离群值。此外，还可以改进聚焦控制，引入中心遮蔽和导致从全场到半场的转变的变形透镜设计等技术手段。以上技术手段较少出现在专利文献中。通过研究近些年的国外非专利数据，可以对专利数据分析辅以有效的补充。

5.6 技术发展趋势预测

对于大 NA 的投影物镜未来的几个技术之间的相对发展快慢以及未来发展的热点，本报告也采用了与第四章 EUV 光源相同的技术发展趋势预测方法进行了预测：大 NA 投影物镜中的反射镜片设计具体使用的各技术手段可参见表 5－6－1。

表 5－6－1　反射镜片设计使用的技术手段

反射镜片设计	镀膜［多层膜、梯度膜，镀膜材（例如 Mo/Si）及每层膜厚度］
	镜片参数（曲率半径、竖向开口、大小、凹凸镜）
	冷却控温（对反射镜温度的控制）
	装调（涉及机械结构的部件，用于镜片的安装、调节）

对“镀膜”“镜片参数”“冷却控温”“装调”这几个技术手段之间进行比较，发现“镀膜”“镜片参数”这两个方面的受关注程度以及申请量是处于领先的，发展关注度是最高的；可能未来行业内对这两个方面的科研投入也会是最大的。处于第二梯队的是“冷却控温”和“装调”这两个技术分支，其发展趋势指数以及申请量上与前两个分支还存在一定的差距，可能未来的受关注度会稍弱。

此外，对于大 NA 物镜中的投影物镜系统的创新主要集中于投影物镜系统整体的设计方案，采用的技术手段如表 5－6－2 所示。

表 5－6－2　投影物镜系统整体设计使用的技术手段

物镜系统整体设计	二镜（Schwarzschild 物镜）
	四镜
	六镜
	八镜
	组合变倍率物镜技术［例如扫描方向（纵向）的倍缩比为 8∶1（My8），垂直于扫描方向（横向）的倍缩比为 4∶1（Mx4）］
	优化设计方法（非结构上的设计，主要是计算机建模）
	其他（十镜、奇数镜等）

二镜系统的申请量较少，但其领域专利的其他指标如年均被引用次数、年均被引专利权人数以及专利同族数等较高，代表该领域的受关注度较高，说明该领域未来被关注的程度会增加。而四镜和六镜系统是常规的布置方式，特别是六镜系统，但其被关注度是较低的。此外，在组合变倍率以及优化设计方法这两个方面未来受关注的程度会很高。

综上，同样采用与EUV光源的分析相类似的方法，将各技术手段分为两类：Ⅰ类申请量大，为目前研究热点；Ⅱ类目前申请量小，但未来发展有潜力，可能是未来发展热点。具体情况如表5－6－3所示。

镀膜，又称膜层设计，其与镜片参数均属于在反射镜设计（又称物镜设计）下的重要技术分支，这两个分支都具有专利申请量大的特点。但两者相比较，为了增大NA，光学系统的设置会导致镜片上入射角度的增大，而增大入射角会导致13.5nm反射率降低，因此反射率与膜层设计是息息相关的，因此镀膜可能在未来受关注度会更高。另外，镜片参数与组合变倍率相关度较高，有越来越多的相关专利与组合变倍率密切相关，因此从未来发展看，镀膜和组合变倍率是未来的两个研究热点。

表5－6－3 各主要技术点未来发展趋势判断

技术手段	技术分支	未来发展趋势判断
镀膜	反射镜片设计	Ⅰ类
镜片参数	反射镜片设计	Ⅰ类
组合变倍率	物镜系统整体设计	Ⅱ类

5.7 投影物镜专利壁垒研究

与分析EUV光源的专利壁垒的研究方法相同，本报告对投影物镜的专利保护强度也进行了研究分析，通过专利壁垒指数来定量描述其技术分支的保护强度。图5－7－1反映的是反射镜片各技术分支的专利壁垒指数相对强弱。图中可以看出："冷却控温"相比其他分支的壁垒指数最高，说明在中国这一领域的专利布局的强度最大，在使用相关技术时侵权的可能性最大。处于第二梯队的是镀膜和镜片参数这两个子领域。值得注意的是，这两个子领域也是报告预测的未来研究的热点领域。这两个领域的专利壁垒指数相仿，但与冷却控温领域的专利壁垒指数相比，还有一定的差距；随着这一领域的申请量可预见地随着热度提升而增加，相应的专利壁垒会保持一个上升的势头。装调领域的专利保护强度一般，处于第三梯队，其涉及的是光学部件的固定、定位以及镜架的相关技术——这块内容不能算是大NA物镜的核心内容，但这些看似外围的技术可能正是中国申请人所擅长的领域，相关的中国申请应当不会少，因此存在侵权的可能性并不低，我国科研人员在进行技术吸收转化时对这部分技术应当提高警惕意识。

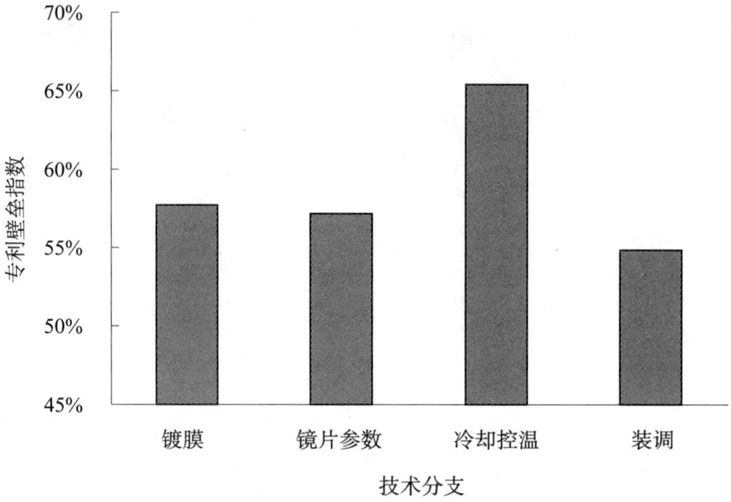

图5－7－1　反射镜片设计各分支专利壁垒指数

对大NA物镜的物镜系统整体设计进行分析，由于目前已经在中国取得授权且处于有效状态的专利数量较小，但实际上进入中国待审查的专利申请较多，使用专利保护壁垒对专利的保护强度进行研究并不完全反映真实情况，因此，研究时将进入中国的该领域的专利与未进入中国的专利进行了对比。在诸多专利涉及的技术点中，使用的反射镜的镜片数量是物镜系统设计中的核心。根据反射镜数量的不同，一般分为二反射镜、四反射镜、六反射镜、八反射镜以上的光学系统，还有组合变倍率的光学系统。

图5－7－2所示为物镜系统整体专利申请是否进入中国布局的比照图。以六反射镜系统为例，其专利申请数量为178项，未进入中国布局的有63项，未进入中国比例为35.39%。六反射镜系统的专利申请量最多，是因为其光学性能十分优越。通常来说，该系统细分成了三大部分：前两块反射镜构成准直部分，中间两块构成具有图像传递功能的部分，最后两块构成大NA成像部分。但是六反射镜系统反射镜数目过多，使得系统的通光率相当低，系统的复杂程度较高，这给制造和装校都会带来很大困难，而且由于要在有限的空间内安装这么多的反射镜片，同时必须小心镜片放置位置不当带来的光线遮挡，系统的自由工作距离必然很难保证，所以对六反射镜系统的技术改进仍在持续，例如使用新材料以使EUV波段单块反射镜的反射率大幅度提高。由于反射镜系统的专利申请进入中国布局的比例较低，这为中国机构的专利布局提供了空间：可以结合国外巨头的先进技术，设计符合参数条件的镜头结构，例如除了偶数反射镜外，设计奇数反射镜，研发新材料以及在具体的反射镜系统中给出优化的膜层设计方案。

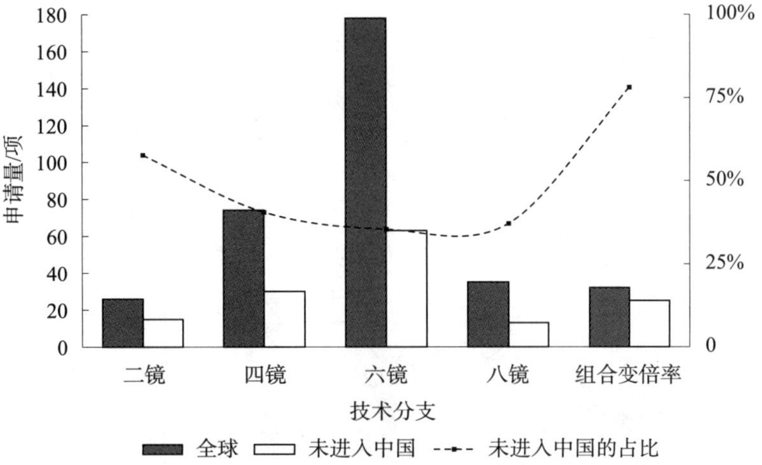

图5－7－2　物镜系统整体设计专利申请是否进入中国布局

5.8　反射镜镀膜专利技术的充分利用

综合了对投影物镜的技术发展趋势的分析结论以及其专利壁垒的研究成果，本报告选择镀膜技术作为研究对象。镀膜技术是大NA物镜的核心技术，并且其目前技术发展趋势指数值最高。受关注度高意味着未来若干年这一技术仍然是这一领域的核心技术，也是我国在投影物镜领域发展绕不开的一个技术点。另外，我国要发展该技术，遇到的专利壁垒会比较高（其专利壁垒指数分值比较高），即可能在发展借鉴过程中遇到的专利侵权风险会比较高。因此，本报告以该技术点为研究对象，探讨目前技术借鉴的解决方案。

统计分析镀膜子领域的专利共有475项，其中目前未进入中国布局的专利为248项；进入中国布局处于有效状态的专利共173项，处于失效状态的专利共54项。将目前已在中国布局且有效的专利173项与未在中国布局的专利（未进入中国与进入中国但处于失效状态的专利）302项进行比较研究。

图5－8－1所示为镀膜领域的专利聚类统计。在与镀膜结构最相关的聚类词统计中，涉及反射镜本身结构改进的专利数量较大，并且可利用专利与不可用专利（中国授权保护专利）之间的比值最高。而对于多层结构的设计，这些专利技术在中国处于有效保护状态的并不少，在对这部分技术进行借鉴时，会有诸多的障碍。课题组将可利用的技术点“反射镜本身结构”的改进相关的专利筛选出来进行统计，其中也会涉及膜层结构以及制造工艺的改进。此外，课题组还对可自由实施的多层膜层结构及制备工艺的专利进行了解读。具体地，可以自由实施的专利列表参见附录3“可被借鉴的部分专利列表”所示，其中主要涵盖了对膜层材料的改进，以及采用的多层反射镜膜层的制造工艺。如果对其中的技术需要进一步了解，则还需要对该技术背后的发明人团队进行分析，可以得到更多有用的信息。

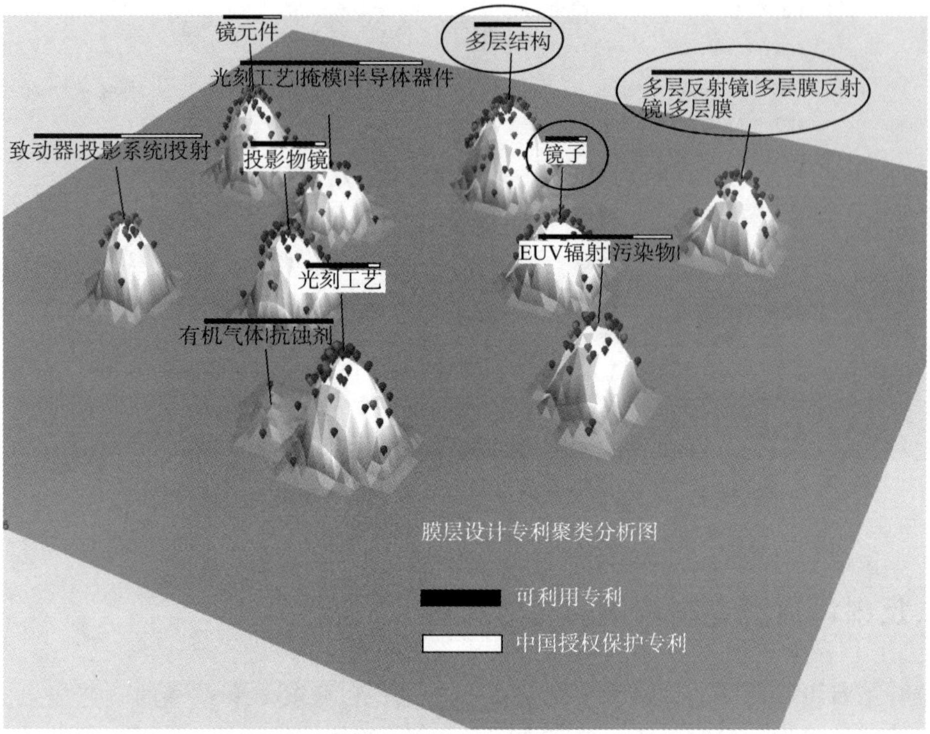

图5-8-1 镀膜专利聚类分析

5.9 本章小结

（1）投影物镜领域的全球专利申请量近几年呈现平缓稳定的发展趋势，处于行业研发的成熟期。从各子领域的申请趋势来看，膜层设计与多镜投影物镜系统整体设计是两个最重要的技术分支，是关系到能否提供大NA的关键技术点，其专利申请趋势大体一致。从技术来源和分布角度看，德国是技术的主要来源地，美国对技术的贡献也不少。相比而言，技术来源地方面日本比德国和美国落后了很多。技术布局地中，主要国家和地区除了美国和中国占比稍大外，其他各国/地区较为平均，这与其他几个技术领域体现出了差异性。上述数据统计的背后主要还是反映了在这一领域的主要申请人的专利策略。Zeiss和ASML的申请量远远超出排名第三的Nikon。全球专利申请变化很大程度上反映的是位于头部企业的企业战略需求。

（2）现阶段，镀膜以及镜片参数的相关技术得到的关注度最高，可以预期在未来的一段时间，相关技术仍然会是领域的热点。从专利壁垒的角度看，涉及冷却控温（温控和调温）的相关技术在研发时可能遇到的壁垒强度最大，但因其热度较低，在研发过程中遇到的风险并不会太高。而镀膜技术一方面是领域的热点，另一方面其专利壁垒也较高，可能在未来我国研发时更应引起重视。

（3）对专利壁垒指数进行量化分析后发现，在对单镜设计的调温、温控方面的专利技术进行吸收利用时尤其应当避免侵权风险，而在装调等辅助技术上的侵权风险相对较低。在多镜投影物镜系统的整体设计方面，本报告对进入中国和未进入中国的专利进行了分析，结果表明，六反射镜这样经典的光学系统设计技术在中国进行的专利布局量占比较低。本报告还研究了该领域发表的科技文献，其中部分技术是专利文献中未记载的，而另外一些技术与专利技术有重叠。另外针对镀膜技术领域在研发时可能遇到较高侵权风险的问题，本报告通过分析挖掘出了一批相关的可利用专利技术，这些专利技术主要集中在“反射镜本身结构”以及“多层镀膜结构”上。

第 6 章　主要结论和建议

本报告通过对高端光刻机的专利数据、科技文献涉及的关键技术进行分析，较全面地呈现了目前的 EUV 光刻机的技术发展现状，梳理了重要技术分支的技术发展路线，并且对未来的技术发展趋势进行了预测；通过提出的“专利密度”以及依托“专利密度”建立的“专利壁垒指数模型”，对国外申请人在中国的专利保护程度进行了定量化的研究，比较了各子领域的专利壁垒指数差异，结合前期对未来技术发展趋势的预测，给出了中国创新主体未来在热点技术领域创新发展时可能会遇到的专利障碍。本报告对中国创新主体，包括企业、高校和科研院所进行了专利分析，尝试性地对中国创新主体可借鉴的技术和背后的技术所有者及研究团队进行了挖掘，以期能为我国高端光刻机的发展提供技术帮助。

通过上述章节的分析可以得出如下结论和建议。

6.1　主要结论

（1）EUV 光刻机中的 EUV 光源技术是光刻机的重要分支技术，其发展的主线仍然是对靶材技术的研究创新。靶材技术关系到光源转换效率的提高，同时也影响光源的污染程度。目前国际上在这一技术领域的专利申请热度较高，并且预计其仍然是未来技术发展的热点。另外，未来一段时间还需要关注新型的激光器技术——从技术发展趋势看，激光器技术的专利申请呈现出逐步升温的态势。目前，EUV 光源使用的激光器已经较为成熟，且被 ASML 所垄断，但来自日本的 G 公司在准分子激光器方面拥有大量的专利布局，而从目前掌握的该公司的专利情报看，其有将准分子激光器用于 EUV 光源的迹象。

（2）EUV 光刻机中的大 NA 物镜也是重要的分支技术。通过对专利以及科技文献的阅读和标引，发现其技术发展主要由两条主线贯穿：一条是关于反射镜片的设计，而镀膜技术又是其中的热点；另一条是关于物镜系统的整体设计，而其中又以涉及多镜投影物镜系统整体结构的专利技术居多。对于膜层结构，从各领域的技术发展趋势看，镀膜以及镜片参数的申请量最大，并且涉及这两个技术点的专利申请在近期也愈发活跃。结合这一领域要解决的提高光反射率这一核心问题来看，可以预期其中镀膜的膜层工艺或是未来发展的重点，其中的关键在于尝试使用新的材料以进一步提高反射率。而对于多镜投影物镜系统结构而言，六镜系统最成熟，关注度较高；另外组合变倍率技术也是未来值得关注的热点。

（3）中国目前在 EUV 光刻机领域的技术研发是较薄弱的。通过专利数据可以看出中国申请人的专利申请呈现出创新动力不足（专利申请量少）、创新程度不高（少有涉及领域的核心技术）、创新主体分散（专利申请人分散，技术关联度低）的特点。目前中国虽然还不是各国专利布局的重要市场，但研究发现：一方面国外申请人近几年（2014 年后）在中国的专利布局比率在显著增加；另一方面国外核心专利也从来没有在中国市场中缺席。可以预见国外创新主体对于中国专利布局的重视程度在增加。从各技术分支的专利壁垒角度看，靶材技术作为长期热点技术遇到的专利壁垒也较高，但中国发展激光器技术可能遇到的专利壁垒会较低。针对这一情况，本报告研究探讨了中国创新主体与 G 公司的技术借鉴的可能性，发现将准分子激光器与 EUV 光刻机相结合的方面，G 公司在中国的专利布局较少，而中国也拥有开展 EUV 光源研究的科研机构和企业，这使得中国创新主体与 G 公司进行技术接触有了一定的环境基础，通过学习和借鉴相关技术内容，有望为中国的创新主体从众多的技术发展道路中选择出这一条合适的研发道路。

（4）“镀膜技术”是大 NA 物镜的核心技术，并且其目前技术发展趋势指数值最高，表明该技术受关注度高，这意味着未来若干年这一技术仍然是该领域的核心技术，也是中国在投影物镜领域发展时难以绕开的技术点。另外，中国要发展该技术，遇到的专利壁垒也比较高，即在技术发展借鉴过程中可能遇到的专利侵权风险会比较高。针对这一情况，对该领域未进入中国或进入中国但处于失效状态的专利技术进行挖掘，发现在镀膜技术中可以利用的技术点主要集中在膜层材料以及多膜层结构工艺参数上。我国相关科研人员在从事相关研究时，可以参考这些专利技术。

6.2 主要建议

（1）集中力量发展重点领域，做到部分领域的率先突破。目前中国正在成为被各方重视的布局市场。一方面，2014 年后在中国的布局率显著增加；另一方面国外核心专利从来没有在中国市场缺席，国外巨头的核心技术或类似技术早已在中国进行了布局，并且近年在中国的布局比例逐渐增加，这对国内创新主体的竞争形成阻碍，中国创新主体目前乃至未来一段时间仍然面临被“卡脖子”的境遇。通过专利数据可以看出中国申请人的专利申请呈现出创新动力不足（专利申请量少）、创新程度不高（少有涉及领域的核心技术）、创新主体分散（专利申请人分散，技术关联度低）的特点。中国只能走跟随的道路，但跟随并不代表被动，中国企业需要在学习先进技术的情况下掌握若干核心技术。而目前的核心技术中，经过深入分析，发现 EUV 光源中采用的新型激光器既是核心技术，又是在中国专利布局相对较弱的区域；此外，在膜层设计中存在大量未进入中国的可相对自由实施的专利技术，我国相关研发人员可以尝试在上述这些领域进行技术攻关，在国外专利壁垒较小的这样一个较“舒适”的环境下进行技术创新，形成部分领域的技术突破。

（2）借鉴与学习之路。从各技术分支的专利壁垒角度看，“靶材”技术作为长期热点技术，其遇到的专利壁垒也较高，相比而言，我国发展“激光器”技术可能遇到的专利壁垒会较低。针对这一情况，本报告探讨了中国创新主体借鉴G公司相关技术的可能性，发现在将准分子激光器与EUV光刻机相结合的方面，G公司在中国的专利布局较少，而中国也拥有开展EUV光源研究的科研机构和企业，这使得中国创新主体与G公司进行接触有一定的可能性。中国相关行业的创新主体需要创造条件，对G公司的技术进行借鉴学习和创新，实现核心技术的发展，打破技术壁垒。

（3）开展与创新研发相匹配的专利布局工作。针对跨国巨头的重点技术优势，也要采取跟随、超越的策略，在重点技术分支方面持续跟进和创新，避免掉队。曝光系统是国际巨头专利布局占比很高的技术分支，国内企业还是要在这个分支进行知识积累，持续技术创新，积极进行专利布局。具体地，在曝光系统中的EUV光源以及投影物镜方面的部分领域内集中进行技术攻关以及向其他跨国巨头有目的地学习先进技术的同时，也需要在不断的消化吸收技术过程中创新，形成有自主知识产权的技术，并且早日进行专利布局，以打破目前核心技术被垄断的局面。

附　　录

附录1　申请人名称约定表

约定名称	对应的申请人名称
ASML	ASML 荷兰控股股份有限公司 ASML 荷兰股份有限公司 ASML 蒙片工具有限公司 ASML 荷兰有限公司 ASML 控股股份有限公司 ASML 美国公司 ASML NETHERLANDS BV ASML NETHERLANDS NV ASML NETHERLANDS HERMES MICROVISION INC ASML HOLDING BV ASML HOLDING NV ASML HOLDING CO ASM LITHOGRAPHY BV ASML US INC ASML US LLC BRION TECHNOLOGIES INC ASML MASKTOOLS BV ASML MASKTOOLS NETHERLANDS BV
Nikon	株式会社 Nikon Nikon 株式会社 Nikon 股份有限公司 Nikon 工程股份有限公司 Nikon－依视路有限公司 株式会社 Nikon 依视路 株式会社 Nikon 美景 株式会社 Nikon 技术工房 NIKON CORP NIPPON KOGAKU KK

续表

约定名称	对应的申请人名称
Nikon	NIKON TEC CORP NIKON TECHNOLOGIES INC NIKON METROLOGY NV HIKARI GLASS KK NIKON ESHIRORU KK NIKON GIJUTSU KOBO KK NIKON ESSILOR CO LTD NIKON ENGINEERING CO LTD NIKON ENG KK OPTOS PLC NIKON VISION KK NIKON VISION CO LTD NIKON SYSTEM KK NIKON BEAUTY LTD TOCHIGI NIKON CORP TOCHIGI NIKON KK SENDAI NIKON KK
Canon	Canon 株式会社 Canon 企业股份有限公司 台湾 Canon 股份有限公司 Canon 电子株式会社 Canon 纳米技术公司 Canon 元件股份有限公司 Canon 组件股份有限公司 CANON KK CANON ENTERPRISE CO LTD CANON INC TAIWAN CANON ELECTRONICS CO LTD CANON DENSHI KK CANON NANOTECHNOLOGIES INC CANON COMPONENTS INC CANON COMPONENTS KK CANON HANBAI KK CANON USA INC
赛默	西默有限公司 西默股份有限公司 赛默（Cymer）股份公司

续表

约定名称	对应的申请人名称
赛默	CYMER INC CYMER LLC CYMER LASER TECH
Zeiss	卡尔蔡司公司 卡尔蔡司股份公司 卡尔·蔡司显微成像有限公司 卡尔蔡司显微镜有限责任公司 卡尔蔡司 SMT 股份公司 卡尔蔡司 SMT 股份有限公司 卡尔蔡司 SMT 有限责任公司 卡尔蔡司工业测量技术有限公司 卡尔蔡司斯马特光学有限公司 卡尔蔡司光学国际有限公司 卡尔蔡司光学国际股份有限公司 卡尔蔡斯视觉股份有限公司 卡尔蔡司医疗技术股份公司 肖特公开股份有限公司 肖特玻璃制造厂 ZEISS AG CARL ZEISS CARL ZEISS SMT AG CARL ZEISS SMT GMBH CARL ZEISS SMS GMBH CARL ZEISS MEDITEC AG CARL ZEISS CARL MEDITEC AG ZEISS MEDITEC INC CARL ZEISS VISION INC CARL ZEISS VISION INT GMBH CARL ZEISS MICROSCOPY GMBH CARL ZEISS MICROSCOPY LLC CARL ZEISS MICROIMAGING GMBH CARL ZEISS MULTISEM GMBH CARL ZEISS CHASE CARL ZEISS SMART OPTICS GMBH CARL ZEISS SMART OPTICAL CO LTD CARL ZEISS LASER OPTICS GMBH CARL ZEISS NTS GMBH CARL SCHOTT OPTICAL GLASS INC

续表

约定名称	对应的申请人名称
Zeiss	SCHOTT AG ZEISS FA CARL ZEISS X - RAY MICROSCOPY INC CARL ZEISS IND MESSTECHNIK GMBH CARL ZEISS SEMICONDUCTOR MFG TECHNOLOGIES AG ZEISS SEMICONDUCTOR MFG SYSTEM AG
台积电	台湾积体电路制造股份有限公司 世大积体电路股份有限公司 采钰科技股份有限公司 台积固态照明股份有限公司 TSMC TAIWAN SEMICONDUCTOR MFG CO LTD WORLDWIDE SEMICONDUCTOR MFG CORP VISERA TECHNOLOGIES CO LTD TSMC SOLID STATE LIGHTING LTD SHIDA INTEGRATED CIRCUIT CO LTD TAIWAN SEMICOMDUCTOR MFG CO LT INTEGRATED CIRCUIT MFR CO LTD TAIWAN TAIWAN IC MFR CO LTD JITI CIRCUIT MFG CO LTD TAIWAN IC MFG CO LTD WAFERTECH LLC CAIJU SCI & TECHNOLOGY CO LTD TAIJI SOLID STATE LIGHTING CO LTD
三星	三星电子株式会社 三星显示有限公司 三星电管株式会社 三星电机株式会社 三星半导体（中国）研究开发有限公司 SAMSUNG SEMICONDUCTOR（CHINA）R&D CO LTD SAMSUNG ELECTRONICS CO LTD SAMSUNG SEMICONDUCTOR INC SAMSUNG SDI CO LTD SAMSUNG DISPLAY CO LTD SAMSUNG ELECTRO - MECHANICS CO SAMSUNG ELECTRON DEVICES CO LTD

续表

约定名称	对应的申请人名称
G 公司	极光先进雷射株式会社 GIGAPHOTON INC GIGAPHOTON K. K.
优志旺	优志旺电机株式会社 株式会社阿迪泰克工程 爱克斯特里姆科技有限责任公司 USHIO INC. USHIO DENKI KK ADTEC ENG CO LTD USHIO ELECTRIC INC XTREME TECHNOLOGIES GMBH
上海微电子	上海微电子装备有限公司 上海微电子装备（集团）股份有限公司 SHANGHAI MICRO ELECTRONICS EQUIP CO LTD SHANGHAI MICRO ELECTRONICS EQUIPMENT（GROUP）CO LTD

附录 2 EUV 光刻机重要专利列表

EUV 光源提高转换效率

公开/公告号	技术要点/布局点	附图	专利权人
CN1379968A	将加压的液体注入直径在 20μm 和 1mm 之间的喷嘴内，在喷嘴出口区域产生尺寸为 10～30μm 的浓雾液滴，从而获得高转换效率的靶材	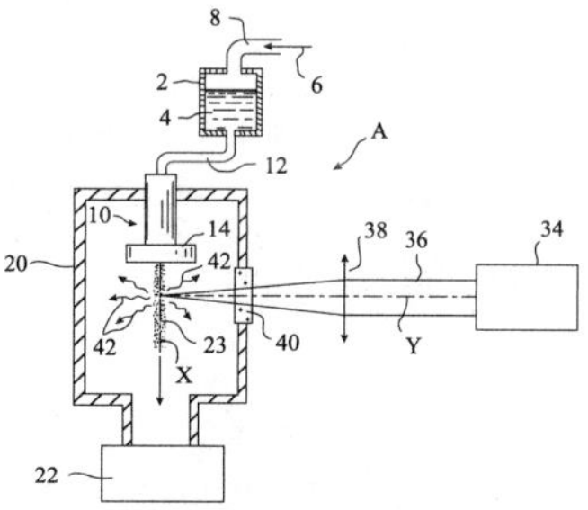	法国原子能委员会
EP1492394A2	采用低能量激光预脉冲和高能量激光主脉冲。预脉冲在目标区域中产生弱等离子体，其改善主激光脉冲的激光吸收以改善 EUV 辐射发射	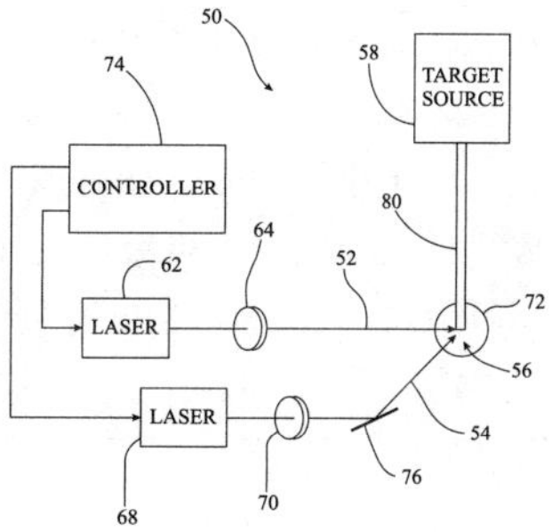	NORTHROP GRUMMAN CORP

续表

公开/公告号	技术要点/布局点	附图	专利权人
US2005199830A1	收集器采用二元层材料的MLM堆叠和覆盖层的反射器，每个二元层由吸收层（例如钼层）和间隔层（例如硅层）构成，产生更高的反射率和更好的热稳定性	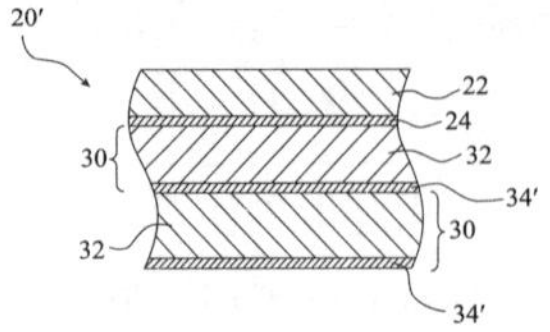	赛默
US2012243566A1	偏振转换器设置在第一预脉冲激光束的光束路径中，对第一预脉冲激光束实行线性偏振，线性偏振度为0～30%，进而改善随后发射的脉冲激光束的能量吸收率	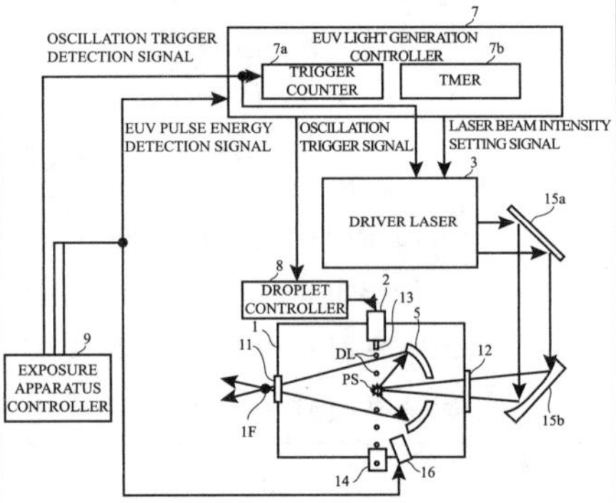	G公司
US2015146182A1	测量或模拟离子的数量和在下一个接近液滴方向上发射的离子的能量谱，获得下一个到达的液滴的新速度和发射的EUV能量和离子的数量等，计算对于下一个液滴的估计的延迟，且调节主脉冲和预脉冲的定时	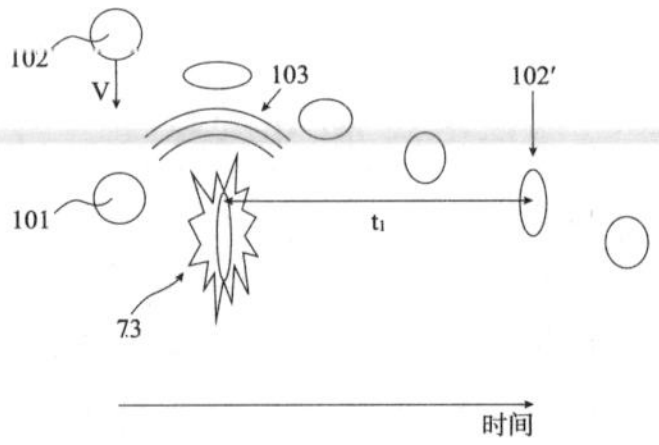	ASML
CN111741580A	环形加速器与光存储器相通，相通部分为激光电子对撞区。在激光电子对撞区内，电子束与激光脉冲对撞发生散射作用产生极紫外光脉冲并经由光存储器出射	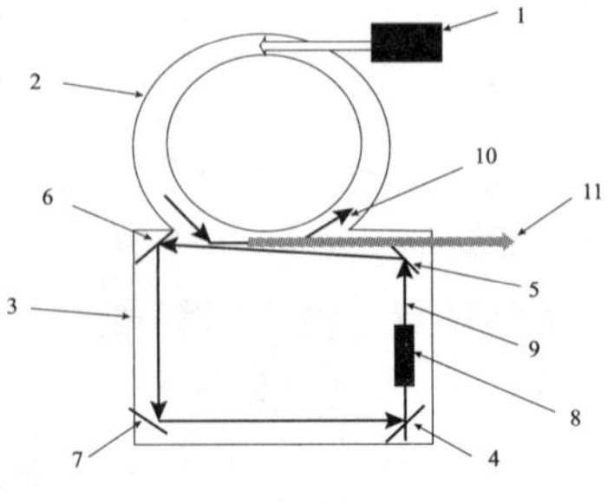	中国科学院高能物理研究所

减少 EUV 光源污染

公开/公告号	技术要点/布局点	附图	专利权人
JP2003008124A	靶供给部分在发射激光束时或刚发射激光束之后供给气态物质，以减少碎片的产生	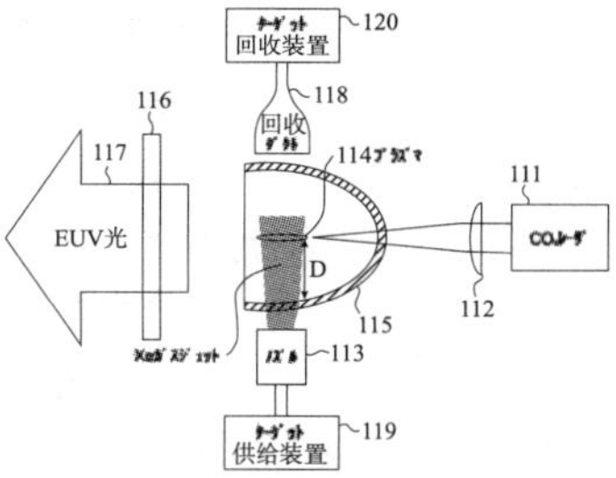	G 公司
US2012228526A1	在喷嘴组件上设置可电致动元件，其产生多频干扰波形以形成液滴对，则一个液滴被照射形成等离子体时，另一个液滴屏蔽后续液滴对，使其免受碎片影响	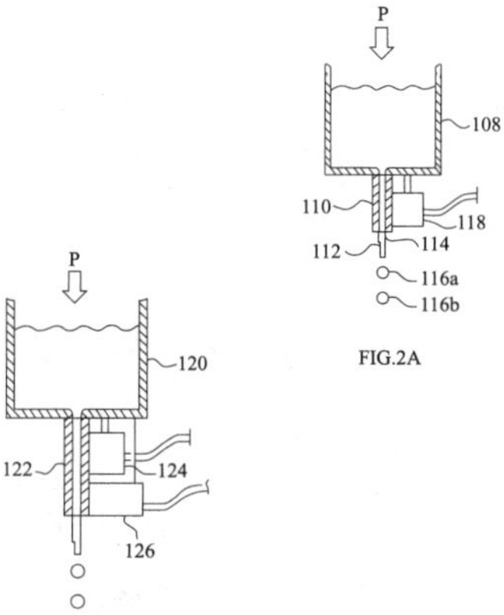	赛默
US2015160569A1	在反射镜上设置具有反射面的层，层的材料包含硅烯或硅烯衍生物或其组合的物质，由于污染物黏附到硅烯的亲和力较小，可以降低污染物积累到反射镜的速度	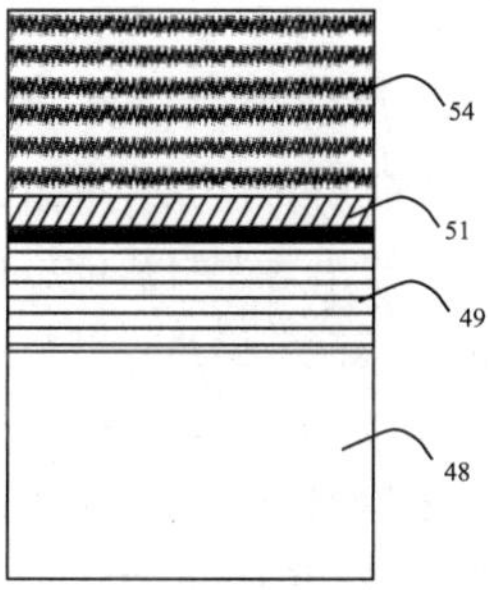	ASML
US2005016679A1	在 EUV 源和反射镜之间设计污染物收集器，并产生相对低能量的次级等离子体，使碎片和氙原子电离，进而设计电场和磁场使颗粒朝向污染物收集器运动	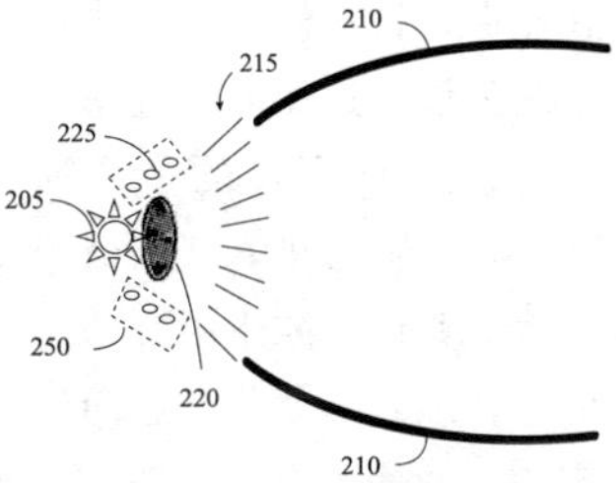	英特尔

续表

公开/公告号	技术要点/布局点	附图	专利权人
US2008048133A1	在EUV光源腔室中设计束流收集器，用于接收从照射区域喷射的源材料，束流收集器设有温度控制系统，使收集的源材料的黏度足够低以便于将其输送到再循环系统，且能够避免源材料逸出腔室	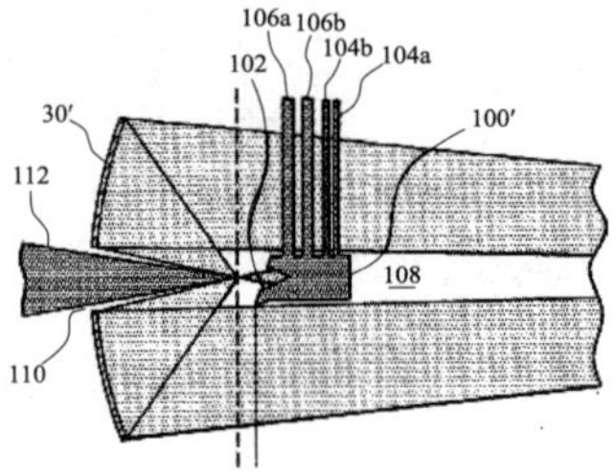	赛默

提高EUV光源稳定性

公开/公告号	技术要点/布局点	附图	专利权人
US2006192155A1	靶微滴形成机构包括磁致伸缩材料或电致伸缩材料，其在液体靶材料微滴的形成中与靶微滴输送毛细管和输出孔口协作，按需要的时间、间隔、尺寸等形成液滴，改善了液滴发生器的可靠性和稳定性	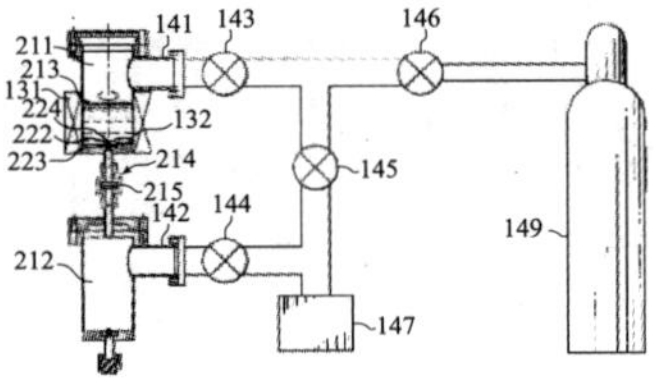	赛默
US2011248191A1	安装在靶材传递系统末端的罩，且罩沿着靶材流的方向延伸，其横截面是半开口的环形或是其上有通孔的管形，罩屏蔽腔室中的气流，以保持液滴的稳定性	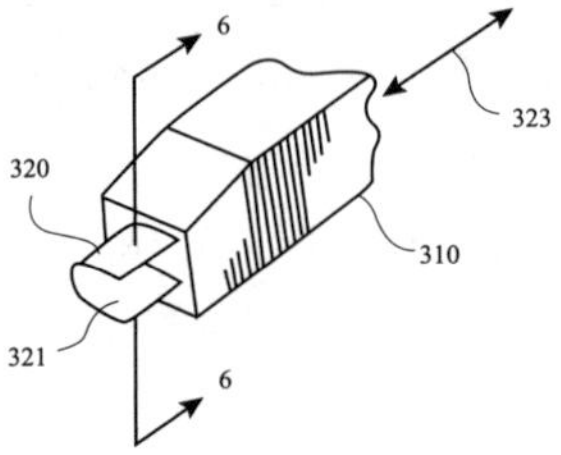	赛默
US2013146682A1	在储存靶材的储存器和喷嘴板之间设计过滤器，过滤器具有供靶材穿过的多个通孔，防止颗粒进入喷嘴板中的第二通道，减少第二通道的堵塞或直径变化，进而稳定靶材的输出方向	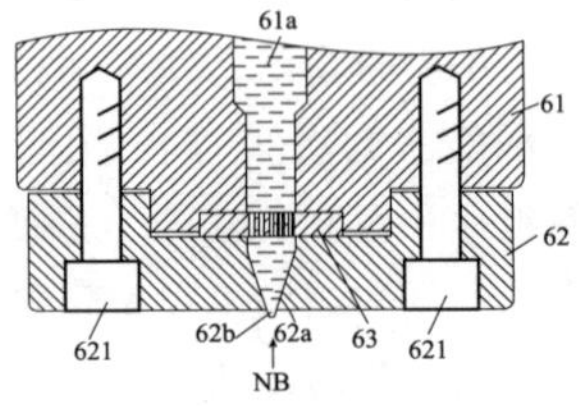	G公司

续表

公开/公告号	技术要点/布局点	附图	专利权人
US2005199829A1	获得液滴轨迹的误差，根据误差信息控制液滴的轨迹以及激光器对于目标区域的瞄准，同时获取反射的光，进而控制激光器的定时触发，以使脉冲激光与液滴到目标区域的时间同步	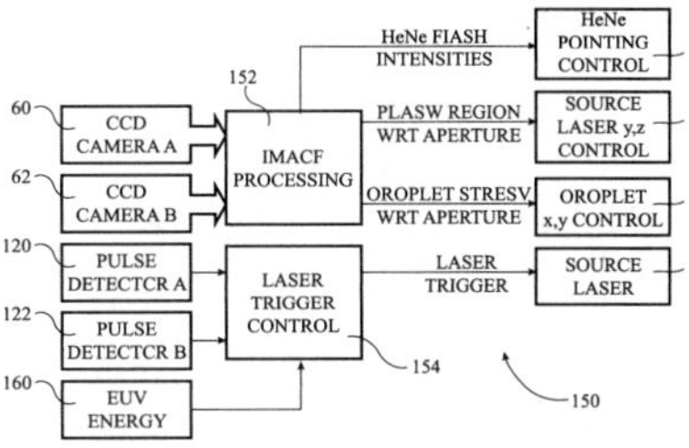	赛默
JP2010123942A	通过检测 EUV 收集器反射镜反射光的轮廓，调整 EUV 收集器反射镜的位置和姿态，使其聚焦点位于理想聚焦点	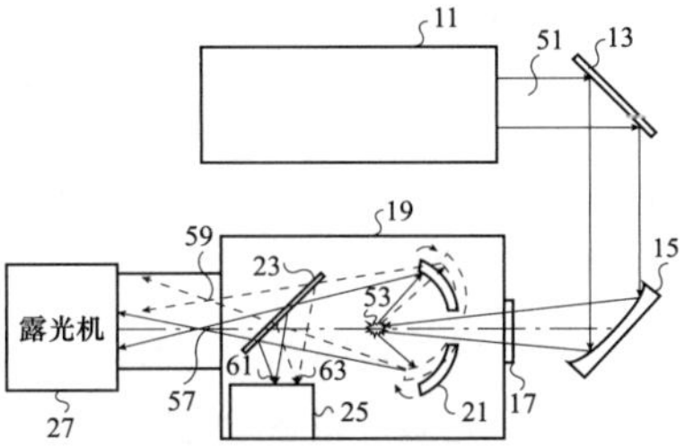	G 公司

准分子激光器用于 EUV 光源

公开/公告号	技术要点/布局点	附图	专利权人
US2017171955A1	用第一脉冲激光束照射第一目标产生雾目标，用第二脉冲激光束照射雾目标。测量雾靶的雾直径，并基于雾直径控制第二脉冲激光束的发射时间和第一脉冲激光束的能量。第一脉冲激光和第二脉冲激光是 CO_2 激光器或准分子激光器	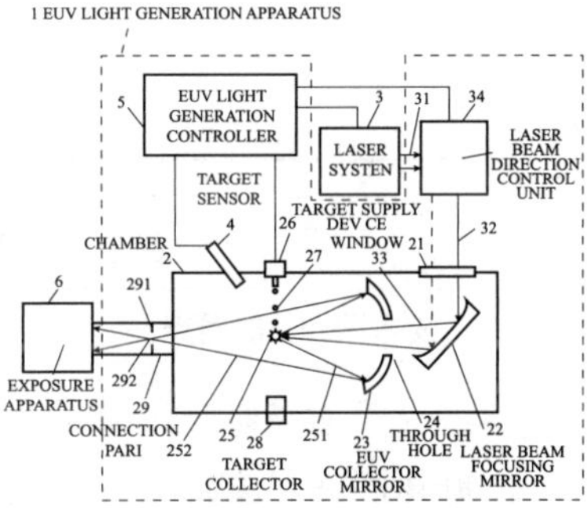	G 公司
US2019045616A1	控制器基于其中重复突发周期和空闲周期的突发信号来控制激光设备。激光设备中，预脉冲激光装置可以是气体激光装置，诸如 CO_2 激光器或准分子激光器	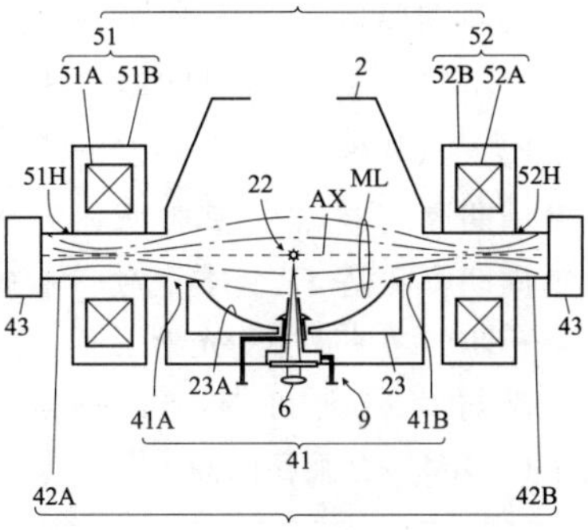	G 公司

续表

公开/公告号	技术要点/布局点	附图	专利权人
US2019293922A1	第一预脉冲激光器、第二预脉冲激光器和主脉冲激光器可以是相同的脉冲激光器或不同的脉冲激光器，脉冲激光器包括例如固态激光器或气体激光器，气体激光器的例子包括 CO_2 激光器和准分子激光器	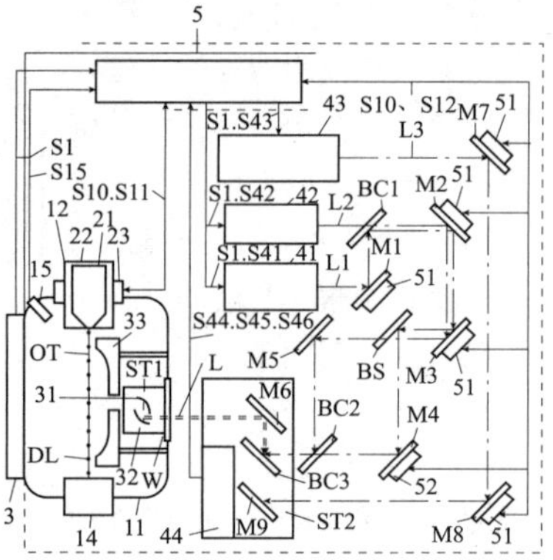	G 公司
US2020209755A1	激光单元包括固态激光器或气体激光器。固态激光器包括例如“Nd：YAG”激光器、“Nd：YVO_4”激光器或输出其谐波光的激光器。气体激光器包括例如 CO_2 激光器或准分子激光器	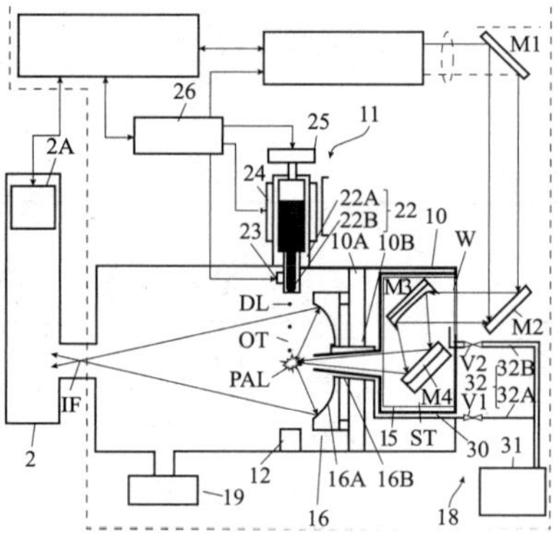	G 公司

投影物镜膜层设计

公开/公告号	技术要点/布局点	附图	专利权人
WO2014108256A1	多层布置具有周期性第一层组和周期性第二层组、第三层组，第三层组具有平均第三周期厚度 P_3，平均第三周期厚度与平均周期厚度 $P_M =（P_1 + P_2）/2$ 偏差一周期厚度差 ΔP，其中所述周期厚度差 ΔP 基本上对应于四分之一波层的光学层厚度与第三数目 N3 和 cos（AOIM）之乘积的商	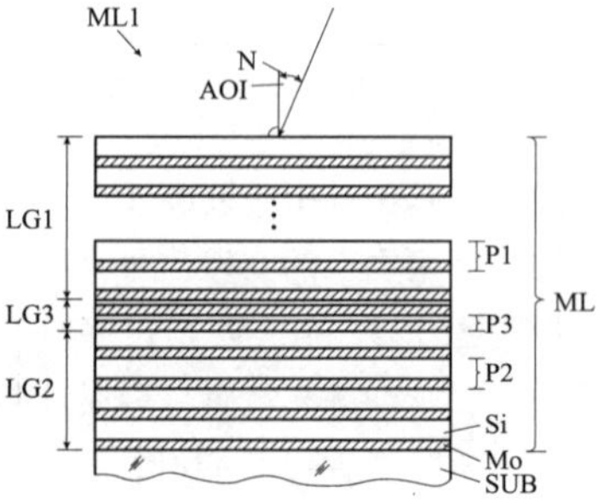	Zeiss

续表

公开/公告号	技术要点/布局点	附图	专利权人
DE102014200932A1	周期厚度对应于第一层对的所有层的（几何或光学）层厚度的总和，根据周期数，通过简单单调的第一层厚度分布函数（例如，通过线性、二次或指数层厚度分布函数）来限定层材料之一的层厚度。另一层材料的层厚度根据周期数根据第二层厚度分布函数而变化	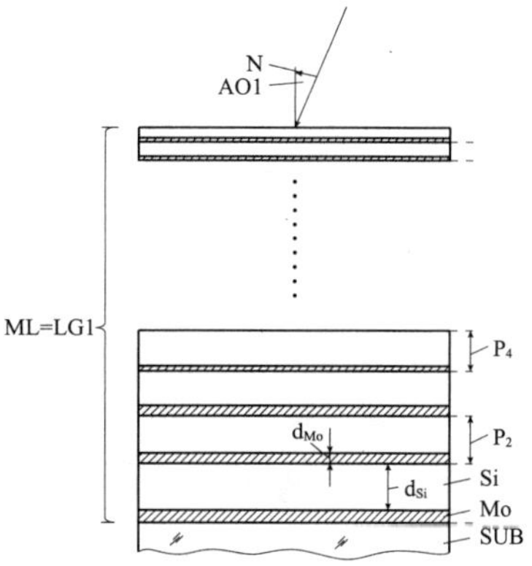	Zeiss
US2007081229A1	多层膜的一个或多个选定区域根据需要被分层地“剥除”，以赋予被去除材料的面内分布，该分布足以校正从反射镜反射的光中的波前误差	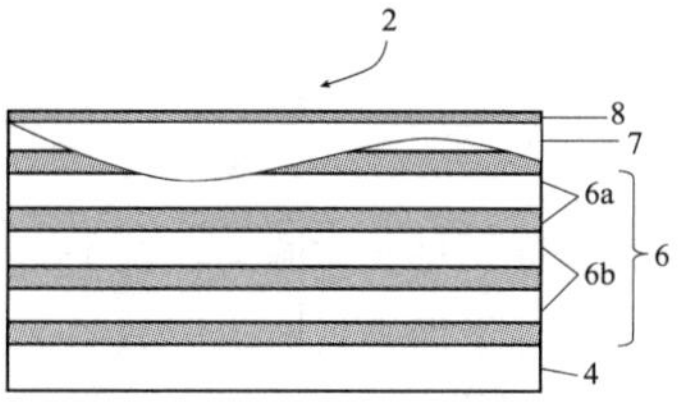	Nikon
DE102015225510A1	层堆具有至少一个反射层系统，其中所述反射镜元件的曲率是基于预定操作温度的设定点曲率通过由所述层堆施加的非零弯曲力产生的，其中所产生的曲率在至少10K的温度间隔内变化不超过10%	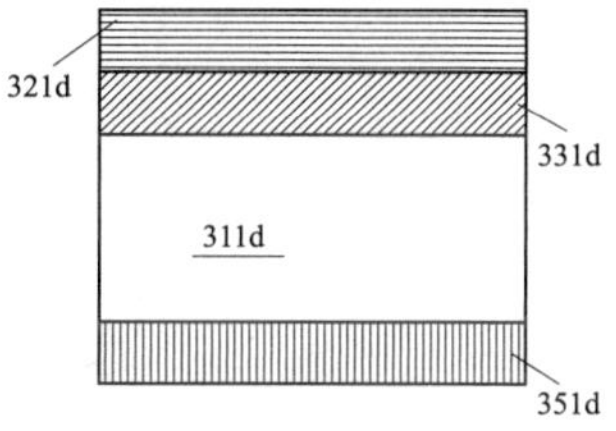	Zeiss

投影物镜多镜系统

公开/公告号	技术要点/布局点	附图	专利权人
EP779528A2	引入弱折射元件以进一步减少残余像差，从而允许更高的NA。第二反射镜对用作场反射镜元件，提供具有良好或可接受的图像质量的相对高的NA	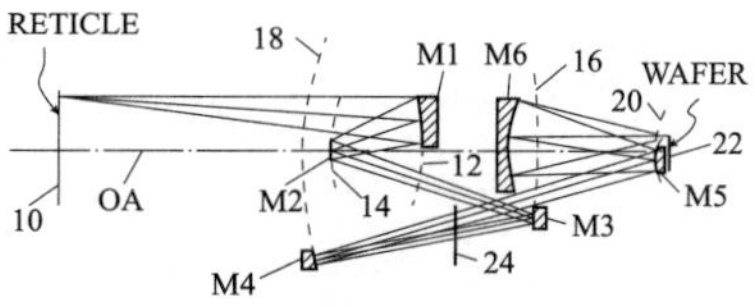	ASML

续表

公开/公告号	技术要点/布局点	附图	专利权人
US6188513B1	为了与多层涂层相容，使投影光刻系统的反射镜处的平均入射角最小化，该系统将以增强的环场宽度为特征，以获得更大的晶片生产量	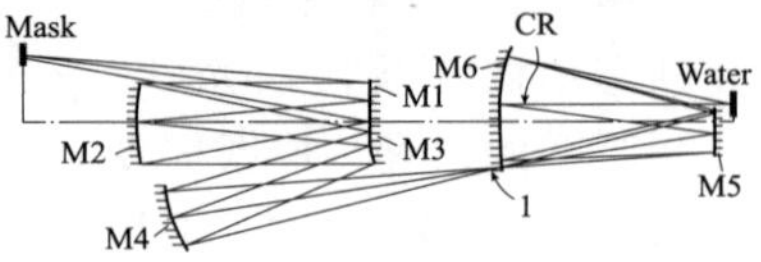	EUV LLC
US2008170310A1	反射镜中的至少一个具有通孔，该通孔被配置为使得成像光可以穿过其中。至少一个反射镜的反射表面是自由形式表面的形式，其不能通过旋转对称函数描述	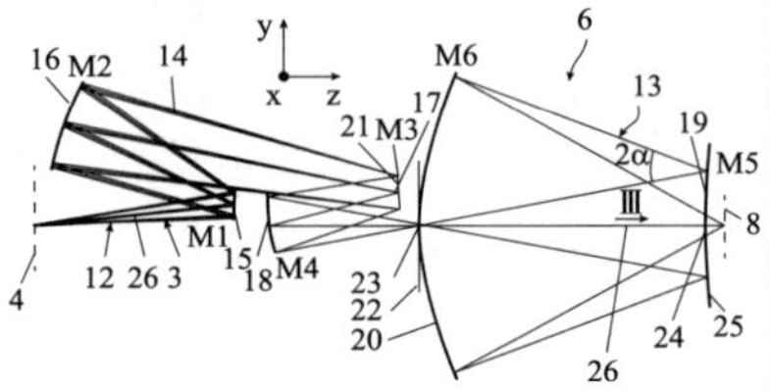	Zeiss
DE102015226531A1	成像光学单元实施为在两个成像光平面中具有不同数量的中间像的 choristikonal 类型的光学单元	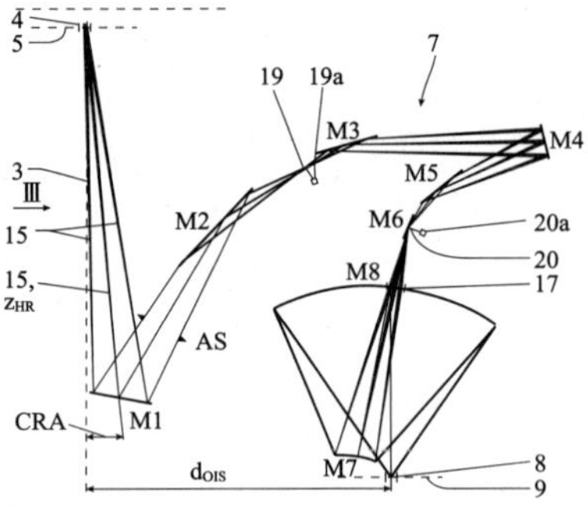	Zeiss

附录 3　可被借鉴的部分专利列表

镀膜材料领域

序号	专利公开号	申请人	申请年	主要内容	技术效果
1	DE102013215541A1	Zeiss	2015	在反射镜衬底和反射层堆叠之间布置有Ⅲ族氮化物层	有效地避免了由层结构的不希望的辐射引起的结构变化
2	DE102011090192A1	Canon	2011	衬底上沉积薄膜的第一步骤，所述薄膜通过加热而改变；在第一和第二涂层之间沉积具有第一层形状调节层，第二层和阻挡层的反射层的第二步骤，并且可以防止第一和第二材料层的材料扩散；以及第三步骤，通过改变形状调整层的第二步骤的反射层厚度分布的形状来产生目标形状，其中第三步骤包括部分退火形状调整层的工艺	能够得到精度优异的反射镜
3	DE102011015141A1	Zeiss	2011	一种反射光学部件，用于 EUV 投影曝光装置相应地具有所述微构造和所述反射层之间的一抛光表面	以简单且廉价的制造方式提供所需的光学性能，并且满足对反射镜的粗糙度的要求
4	WO2013174656A2	ASML	2013	一种反射器，包括具有层的反射表面或结构，所述层包括选自硅烯，或硅烯衍生物，或富勒烯，或富勒烯衍生物，或其组合的物质	EUV 光刻设备内的污染物可能附着到例如设备的光学表面形成 EUV 污染；减少 EUV 源内的等离子体产生可防止从燃料产生污染颗粒

续表

序号	专利公开号	申请人	申请年	主要内容	技术效果
5	US20080151215A1	ASML	2006	图案化装置包括具有与所述相变材料层相邻的周期性排列的层的辐射反射结构。所述辐射反射结构不参与所述相变。通过局部改变相变材料的相，整个结构的反射率被改变	反射期间将横截面图案赋予辐射束以形成图案化辐射束的图案化装置
6	DE102011079933	Zeiss	2011	具有功能涂层的基底的第一面上，其中所述基底具有与所述第一面具有公共边缘的第二面和涂层，其中所述第二面的厚度小于所述第一面的厚度	热膨胀系数、弹性模量等是不同的，因此光学元件中的应力会发生，这会导致光学元件的机械变形，这又会引起像差
7	US20180226166A1	GLOBALFOUNDRIES INC.	2017	获得初始数据，所述初始数据包括用于光学元件的多层叠层的多个周期中的每一周期中的第一混合层、第二混合层、第一纯层和第二纯层的材料和光学特性。对于第一纯层的多个厚度和第二纯层的多个厚度，基于初始数据、针对第一混合层接收的厚度和针对第二混合层接收的厚度来确定多层叠层的反射率。选择使多层叠层的反射率最大化的第一纯层的厚度之一和第二纯层的厚度之一	每个光学元件的多层结构吸收入射 EUV 辐射的一部分（例如 30%）并反射入射 EUV 辐射的剩余部分，反射效率低
8	DE102011083461	Zeiss	2011	用于在反射镜的涂层上产生覆盖层的方法，覆盖层由氧化硅组成，涂层反射 EUV 辐射。通过照射由氮化硅或由氮氧化硅组成的覆盖层，将覆盖层的氧化硅或氮氧化硅转换成氧化硅	具有提供 EUV 光刻系统的诸如镜子的覆盖层，其中所述覆盖层在用活化氢纯化核酸时增加了它们的光学性质的稳定性

续表

序号	专利公开号	申请人	申请年	主要内容	技术效果
9	WO2013014182A1	Zeiss	2012	一种反射镜，具有由比热导率小于 10W/（m·K）的衬底材料组成的衬底和施加在衬底上的反射涂层，反射涂层对真空紫外辐射或来自 EUV 范围的辐射具有反射效果。热分布中间层布置在基板和反射涂层之间，热分布中间层由具有比热导率的层材料组成，其比热导率是基板材料比热导率大小的至少 10 倍，热分布中间层具有至少 1μm 的层厚度	避免或减少包括 EUV 反射镜的光学系统中的热致像差
10	DE102014216109A1	Zeiss	2014	布拉格反射器，交替层由半导体二元化合物和硅形成。半导体二元化合物可以是磷化钼或硅化钌	用于改进 EUV 光例如红外光的反射

镀膜中多层结构领域

序号	专利公开号	申请人	申请年	主要内容	技术效果
1	WO2011071126A1	旭硝子株式会社	2010	一种用于 EUV 光刻的多层反射镜，包括衬底、用于反射 EUV 光的反射层和用于保护反射层的保护层，反射层和保护层依次形成在衬底上，其中反射层是钼/硅多层反射膜，保护层是钌层或钌化合物层，并且在反射层和保护层之间形成含有 0.5～25 原子% 的氮和 75～99.5 原子% 的硅的中间层	用于 EUV 光刻，防止由于钌保护层的氧化引起的反射率劣化
2	US20100119981A1	因芬尼昂技术股份公司	2010	一种适于在 EUV 或软 X 射线应用中使用的反射装置。反射装置包括具有多层反射器的衬底。在多层反射器上形成覆盖层以防止氧化。在一个实施例中，覆盖层包括惰性氧化物，例如氧化铝，二氧化铪，二氧化锆，五氧化二钽，氧化钇稳定的氧化锆等	减少在 EUV 曝光期间，通过镜面上方的强 EUV 辐射使气相分子离解而产生高反应性自由基（例如氧，氢氧根）的氧化作用

续表

序号	专利公开号	申请人	申请年	主要内容	技术效果
3	EP1480078A1	ASML	2004	一种用于EUV光刻的衬底，其至少部分地被光致抗蚀剂层覆盖，其特征在于光致抗蚀剂层上的EUV透射性顶涂层，其中EUV透射性顶涂层包含聚合物，该聚合物包含具有以下原子中的一个或多个的基团：铍、硼、碳、硅、锆、铌和钼	EUV光刻的有的顶涂层是基于水的。这可能导致EUV光被水不希望地吸收。它还可能导致水的不希望地放气，这也可能导致EUV辐射被水不希望地吸收和/或用于EUV光刻系统中的镜面光学器件的退化
4	US20200333700A1	APPLIED MATERIALS	2020	渐变界面层的布拉格反射器形式的多层堆叠	消除了多层堆叠中低反射率界面的形成，并降低了多层堆叠中界面的粗糙度
5	DE102016213831A1	Zeiss	2016	基底和用于反射波长范围为5～20nm的辐射的反射涂层，反射涂层之间的和衬底功能层布置，功能层选自锡、银、钼、钌、铱、镍、铁、钴、铜、铝、铂、锌、锰、铅，其氧化物、硼化物、氮化物和碳化物	减少氧自由基，降低其氧化反射光学元件的光学活性表面。以及减少碳氢化合物分子污染源
6	WO2017076694A1	ASML等	2016	一种包括多个周期的多层反射器，每个周期包括低折射率层和高折射率层，其中：在至少一个周期中，低折射率层包括钼，高折射率层包括包含选自硅、铷和氢中的至少两种元素的组合的化合物	解决多层反射器的温度升高问题

续表

序号	专利公开号	申请人	申请年	主要内容	技术效果
7	WO2016128029A1	Zeiss	2015	多层叠层，光谱纯度滤光器位于叠层顶部，所述光谱纯度滤光器有效地作为来自紫外光谱区域中的第二波长范围的紫外辐射的抗反射层，以提高 EUV 反射率的 UV 多层反射镜的比例	有效地抑制 UV 范围内的不希望的辐射的装置，同时没有或只有很少的由该装置引起的 EUV 辐射的损失
8	DE102013107192A1	Zeiss	2013	反射涂层至少部分地包含硼化物形式的任何化学剂量的硼，以实现总反射率的增加	使掠入射反射率尽可能高
9	JP2009052998A	大日本印刷	2007	多层膜反射镜，其中具有由钼制成的主钼层和主要由硅制成的硅层的钼－硅对层交替堆叠在基材上，使得从基材上的第一钼－硅对层开始的第 n 个钼－硅对层中的钼层的厚度设定为等于硅层的厚度	提高反射率，而不必增加多层膜中的层数
10	US2008123073A1	Nikon	2007	包括支撑衬底、支撑在衬底上并反射 EUV 光的多层膜以及设置在多层膜和衬底之间的合金层	减少多层结构内应力

图 索 引

图 1-1-1 光刻工艺发展轨迹 (2)
图 1-1-2 EUV 光刻机结构示意图 (2)
图 1-1-3 2012~2019 年光刻机市场份额变化 (3)
图 1-1-4 2011~2019 年光刻机三大公司各品类累计出货量 (3)
图 1-1-5 光刻机市场主要厂商产品对比 (4)
图 1-1-6 我国光刻机发展情况 (6)
图 3-1-1 EUV 光刻机全球及中国申请趋势 (16)
图 3-1-2 EUV 光刻机技术原创国家/地区分布 (17)
图 3-1-3 EUV 光刻机技术目标国家/地区分布 (17)
图 3-1-4 EUV 光刻机全球专利申请人排名 (18)
图 3-1-5 赛默专利申请变化趋势 (18)
图 3-2-1 高端光刻机技术非专利文献发展趋势 (19)
图 3-2-2 高端光刻机技术主要非专利文献作者发表数排名 (22)
图 3-2-3 高端光刻机技术科技文献分布 (23)
图 3-3-1 曝光系统专利申请量在 EUV 光刻机专利申请量中的占比 (24)
图 3-3-2 曝光系统的各子领域的专利申请量 (24)
图 3-3-3 曝光系统的全球专利申请量变化趋势 (25)
图 3-3-4 曝光系统全球专利申请的原创国家/地区分布 (25)
图 3-3-5 曝光系统的全球专利申请人申请量的排名 (26)
图 3-3-6 工件台技术全球申请量变化趋势 (26)
图 3-3-7 测量系统技术全球申请量变化趋势 (27)
图 3-3-8 工件台技术原创专利分布 (28)
图 3-3-9 工件台技术布局专利分布 (28)
图 3-3-10 测量系统技术原创专利分布 (29)
图 3-3-11 测量系统技术布局专利分布 (29)
图 3-3-12 工件台技术主要申请人专利申请量排名 (30)
图 3-3-13 测量系统技术主要申请人专利申请量排名 (31)
图 3-3-14 环境与真空领域全球申请量变化趋势 (31)
图 3-3-15 环境与真空领域中国申请量变化趋势 (32)
图 3-3-16 环境与真空领域主要全球专利申请量申请人排名 (33)
图 3-3-17 环境与真空领域主要中国专利申请量申请人排名 (33)
图 3-3-18 环境与真空领域原创专利分布 (33)
图 3-3-19 环境与真空领域全球与中国各二级技术分支专利申请量对比 (34)
图 3-4-1 ASML 全球申请量变化趋势 (36)
图 3-4-2 ASML 专利技术构成 (37)
图 3-4-3 ASML 专利技术来源占比 (37)
图 3-4-4 ASML 专利技术来源随年变化趋势 (37)
图 3-4-5 ASML 在中国的专利布局 (37)
图 3-4-6 ASML 在美国的布局 (38)
图 3-4-7 ASML 在欧洲的布局 (38)
图 3-4-8 ASML 在中国的专利与全球布局专利的比较 (39)
图 3-4-9 ASML 曝光系统全球申请量变化趋势 (39)

图 3-4-10 ASML 发表的 EUV 光刻相关文章 (40)
图 3-5-1 中国申请人高端光刻机相关申请趋势 (42)
图 3-5-2 中国申请人高端光刻机专利申请量情况 (42)
图 3-5-3 中国申请人在高端光刻机领域各分支上的申请量分布 (彩图 1)
图 3-5-4 上海微电子各分支的申请量 (44)
图 4-1-1 极紫外光刻光学系统结构 (49)
图 4-1-2 LPP 产生 EUV 光的示意图 (49)
图 4-1-3 DPP 产生 EUV 光的示意图 (49)
图 4-2-1 EUV 光源技术领域申请趋势 (51)
图 4-2-2 EUV 光源提高转换效率领域申请趋势 (52)
图 4-2-3 EUV 光源减少污染领域申请趋势 (52)
图 4-2-4 EUV 光源提高稳定性领域申请趋势 (52)
图 4-2-5 EUV 光源技术分支领域原创国家/地区专利来源分布 (53)
图 4-2-6 EUV 光源技术分支领域目标国家/地区专利布局分布 (53)
图 4-2-7 ASML EUV 光源技术分支领域在中国的专利布局情况 (54)
图 4-2-8 US2006219958A1 附图 (54)
图 4-2-9 US2008067454A1 附图 (55)
图 4-2-10 US2009272916A1 附图 (55)
图 4-2-11 CN1510523A 附图 (56)
图 4-2-12 CN101755239A 附图 (56)
图 4-2-13 CN102216853A 附图 (56)
图 4-2-14 EUV 光源技术分支领域主要申请人排名 (59)
图 4-2-15 提高转换效率技术分支领域主要申请人排名 (59)
图 4-2-16 减少污染技术分支领域主要申请人排名 (60)
图 4-2-17 提高稳定性技术分支领域主要申请人排名 (60)
图 4-2-18 G 公司 EUV 光源技术分支领域专利申请趋势 (61)
图 4-2-19 G 公司与 ASML EUV 光源技术分支领域专利申请趋势比较 (62)
图 4-2-20 G 公司与 ASML 公司 EUV 光源技术分支领域专利主要原创国家/地区比较 (63)
图 4-2-21 G 公司与 ASML 的 EUV 光源技术分支领域专利主要布局国家/地区比较 (彩图 2)
图 4-2-22 G 公司与 ASML 公司 EUV 光源技术分支领域部分三级技术分支领域申请量比较 (63)
图 4-2-23 G 公司 EUV 光源技术分支领域部分三级技术分支领域重要专利申请量 (64)
图 4-2-24 G 公司 2016~2020 年 EUV 光源技术分支领域部分三级技术分支领域申请量 (65)
图 4-2-25 G 公司的 EUV 光源技术路线 (66)
图 4-3-1 提高转换效率技术分支领域的技术路线 (67)
图 4-3-2 减少污染技术分支领域的技术路线 (72)
图 4-3-3 提高稳定性技术分支领域的技术路线 (77)
图 4-5-1 R. Schupp 团队论文情况 (82)
图 4-7-1 EUV 光源各技术分支领域技术壁垒全局图 (彩图 2)
图 4-8-1 国内创新主体借鉴 G 公司技术可行性浅析 (93)
图 4-8-2 G 公司准分子激光器 EUV 光源技术分支领域人才资源 (彩图 3)
图 5-2-1 EUV 投影物镜技术领域申请趋势 (98)
图 5-2-2 EUV 投影物镜专利技术子领域及分布情况 (99)
图 5-2-3 膜层设计领域申请趋势 (99)
图 5-2-4 多镜投影物镜系统整体设计领域申请趋势 (100)
图 5-2-5 投影物镜技术全球原创国家/地区分布 (100)
图 5-2-6 膜层设计领域原创国家/地区分布

（100）
图5－2－7　多镜投影物镜系统整体设计领域原创国家/地区分布　（100）
图5－2－8　膜层设计领域布局国家/地区分布（101）
图5－2－9　多镜投影物镜系统整体设计领域布局国家/地区分布　（101）
图5－2－10　膜层设计全球专利申请流向　（彩图4）
图5－2－11　多镜系统整体设计全球专利申请流向　（彩图5）
图5－2－12　投影物镜领域申请人排名　（103）
图5－2－13　投影物镜膜层设计领域申请人排名　（103）
图5－2－14　投影物镜多镜系统领域申请人排名　（103）
图5－3－1　投影物镜膜层设计技术路线图（彩图6）
图5－3－2　投影物镜多镜投影物镜系统整体设计技术路线　（112）
图5－7－1　反射镜片设计各分支专利壁垒指数（122）
图5－7－2　物镜系统整体设计专利申请是否进入中国布局　（123）
图5－8－1　镀膜专利聚类分析　（124）

表 索 引

表 1－1－1 "02 专项"光刻机子系统对应企业（5）
表 1－1－2 国产光刻机产业链（6）
表 1－2－1 曝光系统技术分解表（8）
表 1－2－2 工件台及测量系统技术分解表（9）
表 1－2－3 环境与真空技术分解表（9）
表 3－2－1 高端光刻机技术非专利文献出版物排名（19～20）
表 3－2－2 高端光刻机技术非专利文献引用度排名（20～22）
表 3－2－3 高端光刻机技术非专利文献作者来源国/地区排名（23）
表 3－3－1 工件台原创国家/地区申请趋势（28）
表 3－3－2 测量系统技术原创国家/地区专利申请趋势（29）
表 3－4－1 ASML 的 2017～2021 年活跃作者文献发表情况（40）
表 3－4－2 活跃作者 Mark Van de Kerkhof 团队文献发表和引用情况（41）
表 3－4－3 活跃作者 Joost Bekaert 团队文献发表和引用情况（41）
表 4－5－1 EUV 光源提高转换效率技术分支领域相关的科技论文（81）
表 4－5－2 ASML 防止 EUV 光源污染技术分支领域相关的科技文献文章（83～84）
表 4－5－3 EUV 光源提高稳定性技术分支领域相关的科技论文（86）
表 4－6－1 EUV 光源技术分支领域各技术手段及其定义（87）
表 4－6－2 EUV 光源技术分支领域技术功效矩阵（88）
表 4－6－3 各主要技术点未来发展趋势判断（88）
表 4－7－1 EUV 光源各器件/技术手段的专利壁垒（89）
表 4－7－2 技术手段与技术问题综合专利壁垒（90）
表 5－2－1 投影物镜技术分解表（98）
表 5－6－1 反射镜片设计使用的技术手段（120）
表 5－6－2 投影物镜系统整体设计使用的技术手段（120）
表 5－6－3 各主要技术点未来发展趋势判断（121）

书号	书名	产业领域	定价	条码
9787513006910	产业专利分析报告（第 1 册）	薄膜太阳能电池 等离子体刻蚀机 生物芯片	50	9 787513 006910 >
9787513007306	产业专利分析报告（第 2 册）	基因工程多肽药物 环保农业	36	9 787513 007306 >
9787513010795	产业专利分析报告（第 3 册）	切削加工刀具 煤矿机械 燃煤锅炉燃烧设备	88	9 787513 010795 >
9787513010788	产业专利分析报告（第 4 册）	有机发光二极管 光通信网络 通信用光器件	82	9 787513 010788 >
9787513010771	产业专利分析报告（第 5 册）	智能手机 立体影像	42	9 787513 010771 >
9787513010764	产业专利分析报告（第 6 册）	乳制品生物医用 天然多糖	42	9 787513 010764 >
9787513017855	产业专利分析报告（第 7 册）	农业机械	66	9 787513 017855 >
9787513017862	产业专利分析报告（第 8 册）	液体灌装机械	46	9 787513 017862 >
9787513017879	产业专利分析报告（第 9 册）	汽车碰撞安全	46	9 787513 017879 >
9787513017886	产业专利分析报告（第 10 册）	功率半导体器件	46	9 787513 017886 >
9787513017893	产业专利分析报告（第 11 册）	短距离无线通信	54	9 787513 017893 >
9787513017909	产业专利分析报告（第 12 册）	液晶显示	64	9 787513 017909 >
9787513017916	产业专利分析报告（第 13 册）	智能电视	56	9 787513 017916 >
9787513017923	产业专利分析报告（第 14 册）	高性能纤维	60	9 787513 017923 >
9787513017930	产业专利分析报告（第 15 册）	高性能橡胶	46	9 787513 017930 >
9787513017947	产业专利分析报告（第 16 册）	食用油脂	54	9 787513 017947 >
9787513026314	产业专利分析报告（第 17 册）	燃气轮机	80	9 787513 026314 >
9787513026321	产业专利分析报告（第 18 册）	增材制造	54	9 787513 026321 >
9787513026338	产业专利分析报告（第 19 册）	工业机器人	98	9 787513 026338 >
9787513026345	产业专利分析报告（第 20 册）	卫星导航终端	110	9 787513 026345 >
9787513026352	产业专利分析报告（第 21 册）	LED 照明	88	9 787513 026352 >

书　号	书　名	产业领域	定价	条　码
9787513026369	产业专利分析报告（第 22 册）	浏览器	64	9 787513 026369
9787513026376	产业专利分析报告（第 23 册）	电池	60	9 787513 026376
9787513026383	产业专利分析报告（第 24 册）	物联网	70	9 787513 026383
9787513026390	产业专利分析报告（第 25 册）	特种光学与电学玻璃	64	9 787513 026390
9787513026406	产业专利分析报告（第 26 册）	氟化工	84	9 787513 026406
9787513026413	产业专利分析报告（第 27 册）	通用名化学药	70	9 787513 026413
9787513026420	产业专利分析报告（第 28 册）	抗体药物	66	9 787513 026420
9787513033411	产业专利分析报告（第 29 册）	绿色建筑材料	120	9 787513 033411
9787513033428	产业专利分析报告（第 30 册）	清洁油品	110	9 787513 033428
9787513033435	产业专利分析报告（第 31 册）	移动互联网	176	9 787513 033435
9787513033442	产业专利分析报告（第 32 册）	新型显示	140	9 787513 033442
9787513033459	产业专利分析报告（第 33 册）	智能识别	186	9 787513 033459
9787513033466	产业专利分析报告（第 34 册）	高端存储	110	9 787513 033466
9787513033473	产业专利分析报告（第 35 册）	关键基础零部件	168	9 787513 033473
9787513033480	产业专利分析报告（第 36 册）	抗肿瘤药物	170	9 787513 033480
9787513033497	产业专利分析报告（第 37 册）	高性能膜材料	98	9 787513 033497
9787513033503	产业专利分析报告（第 38 册）	新能源汽车	158	9 787513 033503
9787513043083	产业专利分析报告（第 39 册）	风力发电机组	70	9 787513 043083
9787513043069	产业专利分析报告（第 40 册）	高端通用芯片	68	9 787513 043069
9787513042383	产业专利分析报告（第 41 册）	糖尿病药物	70	9 787513 042383
9787513042871	产业专利分析报告（第 42 册）	高性能子午线轮胎	66	9 787513 042871
9787513043038	产业专利分析报告（第 43 册）	碳纤维复合材料	60	9 787513 043038
9787513042390	产业专利分析报告（第 44 册）	石墨烯电池	58	9 787513 042390

书　号	书　名	产业领域	定价	条　码
9787513042277	产业专利分析报告（第 45 册）	高性能汽车涂料	70	9 787513 042277 >
9787513042949	产业专利分析报告（第 46 册）	新型传感器	78	9 787513 042949 >
9787513043045	产业专利分析报告（第 47 册）	基因测序技术	60	9 787513 043045 >
9787513042864	产业专利分析报告（第 48 册）	高速动车组和高铁安全监控技术	68	9 787513 042864 >
9787513049382	产业专利分析报告（第 49 册）	无人机	58	9 787513 049382 >
9787513049535	产业专利分析报告（第 50 册）	芯片先进制造工艺	68	9 787513 049535 >
9787513049108	产业专利分析报告（第 51 册）	虚拟现实与增强现实	68	9 787513 049108 >
9787513049023	产业专利分析报告（第 52 册）	肿瘤免疫疗法	48	9 787513 049023 >
9787513049443	产业专利分析报告（第 53 册）	现代煤化工	58	9 787513 049443 >
9787513049405	产业专利分析报告（第 54 册）	海水淡化	56	9 787513 049405 >
9787513049429	产业专利分析报告（第 55 册）	智能可穿戴设备	62	9 787513 049429 >
9787513049153	产业专利分析报告（第 56 册）	高端医疗影像设备	60	9 787513 049153 >
9787513049436	产业专利分析报告（第 57 册）	特种工程塑料	56	9 787513 049436 >
9787513049467	产业专利分析报告（第 58 册）	自动驾驶	52	9 787513 049467 >
9787513054775	产业专利分析报告（第 59 册）	食品安全检测	40	9 787513 054775 >
9787513056977	产业专利分析报告（第 60 册）	关节机器人	60	9 787513 056977 >
9787513054768	产业专利分析报告（第 61 册）	先进储能材料	60	9 787513 054768 >
9787513056632	产业专利分析报告（第 62 册）	全息技术	75	9 787513 056632 >
9787513056694	产业专利分析报告（第 63 册）	智能制造	60	9 787513 056694 >
9787513058261	产业专利分析报告（第 64 册）	波浪发电	80	9 787513 058261 >
9787513063463	产业专利分析报告（第 65 册）	新一代人工智能	110	9 787513 063463 >
9787513063272	产业专利分析报告（第 66 册）	区块链	80	9 787513 063272 >
9787513063302	产业专利分析报告（第 67 册）	第三代半导体	60	9 787513 063302 >

书　号	书　名	产业领域	定价	条　码
9787513063470	产业专利分析报告（第 68 册）	人工智能关键技术	110	9 787513 063470 >
9787513063425	产业专利分析报告（第 69 册）	高技术船舶	110	9 787513 063425 >
9787513062381	产业专利分析报告（第 70 册）	空间机器人	80	9 787513 062381 >
9787513069816	产业专利分析报告（第 71 册）	混合增强智能	138	9 787513 069816 >
9787513069427	产业专利分析报告（第 72 册）	自主式水下滑翔机技术	88	9 787513 069427 >
9787513069182	产业专利分析报告（第 73 册）	新型抗丙肝药物	98	9 787513 069182 >
9787513069335	产业专利分析报告（第 74 册）	中药制药装备	60	9 787513 069335 >
9787513069748	产业专利分析报告（第 75 册）	高性能碳化物先进陶瓷材料	88	9 787513 069748 >
9787513069502	产业专利分析报告（第 76 册）	体外诊断技术	68	9 787513 069502 >
9787513069229	产业专利分析报告（第 77 册）	智能网联汽车关键技术	78	9 787513 069229 >
9787513069298	产业专利分析报告（第 78 册）	低轨卫星通信技术	70	9 787513 069298 >
9787513076210	产业专利分析报告（第 79 册）	群体智能技术	99	9 787513 076210 >
9787513076074	产业专利分析报告（第 80 册）	生活垃圾、医疗垃圾处理与利用	80	9 787513 076074 >
9787513075992	产业专利分析报告（第 81 册）	应用于即时检测关键技术	80	9 787513 075992 >
9787513075961	产业专利分析报告（第 82 册）	基因治疗药物	70	9 787513 075961 >
9787513075817	产业专利分析报告（第 83 册）	高性能吸附分离树脂及应用	90	9 787513 075817 >
9787513081955	产业专利分析报告（第 84 册）	高端光刻机	70	9 787513 081955 >
9787513082198	产业专利分析报告（第 85 册）	动力电池检测技术	120	9 787513 082198 >
9787513082433	产业专利分析报告（第 86 册）	热交换介质	128	9 787513 082433 >
9787513081962	产业专利分析报告（第 87 册）	商业航天装备制造	110	9 787513 081962 >
9787513081924	产业专利分析报告（第 88 册）	电动汽车续航技术	120	9 787513 081924 >

书　号	书　名	定价	条　码
9787513041539	专利分析可视化	68	9 787513 041539 >
9787513016384	企业专利工作实务手册	68	9 787513 016384 >
9787513057240	化学领域专利分析方法与应用	50	9 787513 057240 >
9787513057493	专利分析数据处理实务手册	60	9 787513 057493 >
9787513048712	专利申请人分析实务手册	68	9 787513 048712 >
9787513072670	专利分析实务手册（第 2 版）	90	9 787513 072670 >